天文简单学

郭红锋 著

中国大百科全书出版社

图书在版编目（CIP）数据

天文简单学 / 郭红锋著 . -- 北京：中国大百科全
书出版社，2025. 3. -- ISBN 978-7-5202-1868-9

Ⅰ. P1-49

中国国家版本馆 CIP 数据核字第 2025KK9967 号

出 版 人	刘祚臣
策 划 人	王 绚
责任编辑	王 绚　何 欢
责任校对	常晓迪
装帧设计	孙 怡
内页插图	朱笑仪　孙 怡
排版设计	博越创想
责任印制	魏 婷
出版发行	中国大百科全书出版社
地　　址	北京市西城区阜成门北大街 17 号
邮　　编	100037
电　　话	010-88390703
网　　址	http://www.ecph.com.cn
印　　刷	小森印刷（北京）有限公司
开　　本	710 毫米 × 1000 毫米　1/16
印　　张	13.5
字　　数	150 千字
版　　次	2025 年 3 月第 1 版
印　　次	2025 年 3 月第 1 次印刷
书　　号	ISBN 978-7-5202-1868-9
定　　价	68.00 元

　　小时候住在乡下，天黑以后万籁俱寂，伴随着漫漫长夜的，除了虫鸣蛙叫，就是满天繁星。长大后住进了城市，每当华灯初上，那川流不息的汽车长龙令人目不暇接；那闪烁变幻、灯火辉煌的摩天大楼，好像戏台一样上演着永不落幕的故事，演绎着城市的喧嚣与活力。再回想那段生活在静谧乡野的日子，我曾在暗夜下无数次抬头仰望清澈的天空，伸手指点璀璨的群星。那绚丽而壮阔的景象深深感动和震撼了我，那份情感至今依然令我心驰神往。那些晶莹剔透的星星，犹如瑰丽的宝石一般点缀在蓝缎子似的天幕上，它们似乎在向你眨眼问候，让人不禁想要招手回应，甚至渴望遨游其中。

　　进入21世纪，人类面对的最大挑战之一是科技的飞速发展和适应发展的人才需求，科技的发展离不开国民科学素养的提高。天文学在提高国民科学素养方面占据着重要地位。天文学有助于培养人们科学的思维方法和勇于创新的精神，蕴含着人类对宇宙的观察和思考，能够激发出人们无限的想象力和创造力。

　　天文学既是一门古老的学科，又是一门现代的学科。天文学是当代自然科学领域最活跃的前沿学科之一，不断刷新着人类对宇宙的认识。了解一点天文知识，对理解人与自然的关系以及人类未来的发展都有帮助。将天文学作为一个爱好，你会获得别样的快乐；从观察星空的那一刻起，你将踏上领略科学之美的旅程，开拓眼界，让梦想与星辰共舞！翻开这本书，让我们一起观月、追星、逐日，开启太空之旅吧！

郭红锋

目　录

第一章

司空见惯的月亮

第二章

迷人的星空

第三章

过"日"子

第 一 章

司空见惯的月亮

学习天文为什么先从观察月亮开始？

　　月亮，有时像弯弯的蛾眉，有时像半圆的弓箭，有时又像圆圆的玉盘。月亮，与我们天天看见的太阳不一样，太阳每天都是圆的，每天都是一样的东升西落。但月亮每天不仅有模样（月相①）的变化，还有位置的变化。月亮的圆缺很早就引起了古人的好奇，是人类最早观察和记录的天文现象之一，人类据此创造了"月"这个时间单位。

　　通过观察月亮的运动和变化，我们可以了解天体运动的基本规律，从而探究形成这些规律的原因，这就进入了天文学的大门，而不是只在门外看热闹了。

　　从古代神话传说里的嫦娥奔月，到现代的载人登月，人类为了探索这个抬头可见却无法触摸的天体做出了前赴后继的努力。从最早的想象与猜测，到现代的抵近观察，月亮从神话走向现实。月亮是人类走出地球、迈向浩瀚宇宙的第一站，也是我们探索太空的第一个阶梯。本章首先从地球的视角遥望月亮，探究天体的运行逻辑；然后带大家一起"登月"，了解月亮的真面目；最后从月亮的视角放眼太空，揭示月亮对于天文学的意义。下面就让我们从观察月亮开始，开启漫游之旅吧！

---

① 月相：天文学名词，是对月球视面圆缺变化各种形状的称呼，如新月、上弦月、凸月、残月等。这里"相"是样貌、样子的意思。

地球上为什么看不到月球的背面?

我们在地球上看到的月亮(学名月球,古称太阴),不管是圆还是缺,都是同样的面貌(图 1.1),称为月球的正面。虽然月球有自转,但自古至今我们在地球上还没有看到过月球的背面。这是为什么呢?

图 1.1 月球的正面(来自 NASA 网站)

图 1.2 可以解释这个问题。太阳离地球和月球都很远,图 1.2 中只用一束阳光表示。地球受阳光照射,总是一半亮一半暗,月球也同地球一样,在空间转动时有一半被太阳照亮,另一半没有阳光就是暗的。这是因为地球与月球都是自己不会发光的天体,它们只反射太阳光。所以它们被太阳照亮的部分,从外部(地球和月球之外)看都是亮的,而没被照亮的部分,从外部看就是黑的。

月球在空间上被太阳照亮的半面(图 1.2 中亮的半面),与从地球上看到的月球(图 1.2 中"月"字那面)是不一样的面貌。当月球围绕地球从位置 1 转动到位置 8 再回到位置 1 时,月球上"月"字那面总是对着地球,这就是我们说的月球正面。

这样看来月球在天空是不是不转动呢?其实月球是有自转运动的。图 1.2

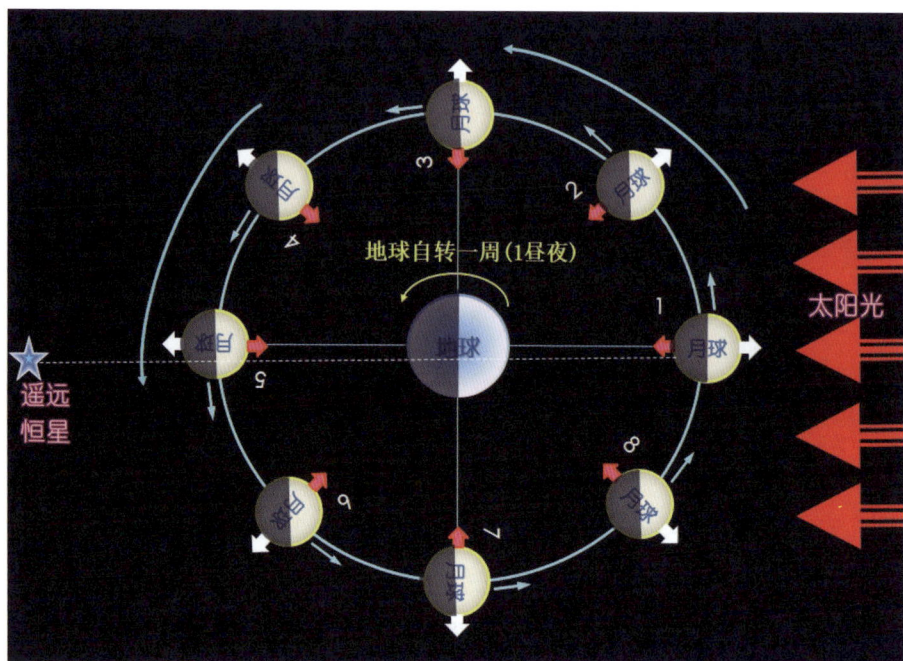

图 1.2　月球的运动

中左边遥远处有一颗恒星^①，月球运动到位置 1 时月球上的红色箭头位置正对着那颗恒星，当月球围绕地球转动到位置 5 时月球上的红色箭头位置就背对着那颗恒星了，当月球再转回到位置 1 的时候又正对着那颗恒星，说明月球在围绕地球，以逆时针方向公转一周的期间里也相对恒星，以逆时针方向自转了一周。或者说，月球在空间一边围绕地球公转，一边也在围绕自转轴进行自转，且相对恒星自转一周也正好围绕地球公转了一周，故其正面一直对着地球。

　　月球在与地球相对运动的时候，其围绕地球公转的周期与相对恒星自转一周的周期相同，都是大约 27.3 天（此处取小数点后 1 位）。这就造成了在月地相互运动期间，月球总是一面对着地球，因此我们在地球上只

① 恒星指由自身引力维持，靠内部的核聚变而发光的炽热等离子体组成的球状或类球状天体。太阳就是一颗典型的恒星，离地球最近。行星指围绕太阳或其他恒星运行的质量较大的天体。

能看到月球的正面，看不到月球的背面。

月球与地球之间的这种转动方式，在现代物理学上称为"潮汐锁定"[①]，是某些有关联天体之间的一种运动方式，也是宇宙中普遍存在的一种自然现象。例如太阳与水星之间、地球与月球之间、其他行星与卫星之间，甚至太阳系外的其他恒星与其行星之间等，都会有这样的潮汐锁定现象。

为什么我们能看到月亮表面的59%？

我们在地球上只能看到月亮的正面，看不到月亮的背面，那为什么我们可以看到的月球表面不止一半呢？这涉及月球空间运动的另一个重要概念——"天平动"的概念。

月球的天平动有两大类，第一类称为物理天平动，是月球自身的轻微摆动，这个摆动幅度很小，一般难以察觉。第二类称为光学天平动，主要是从地球上不同位置，以及跟随地球运动所看到的月球上下左右的摆动，就是这种摆动使我们能看到的月球表面不止一半。

我们仔细比较月亮的照片，即可发现有些照片的边缘比其他照片的同一位置多一点或少一点。例如图 1.3 两幅不同时间拍摄的满月照片，粗看起来都差不多，但仔细比较就能发现些许不同，右边这幅图稍微向上摆动了一点。图 1.3 中用黄线连接两幅图中的第谷环形山（白圈位置）作为参考线，则蓝线和粉线连接的月球上的白点在两幅图中有些许错位（黄圈和红圈位置）。再看两幅图的上边缘（红色箭头所指区域），显然左图拍到更多一点；而比较下边缘（绿色箭头所指区域），可见右图拍到更多一点。这两幅图比较后你会发现月球有一点上下方向的摆动，两幅图加起来我们就会看到比 50% 更多一些的月球表面。以此类推，根据长时间的观察，

---

① 潮汐锁定是一种天体动力学现象，指的是一个天体的自转周期与它围绕另一个天体的公转周期同步的现象。这种现象是由于天体之间的引力和潮汐力作用导致的。

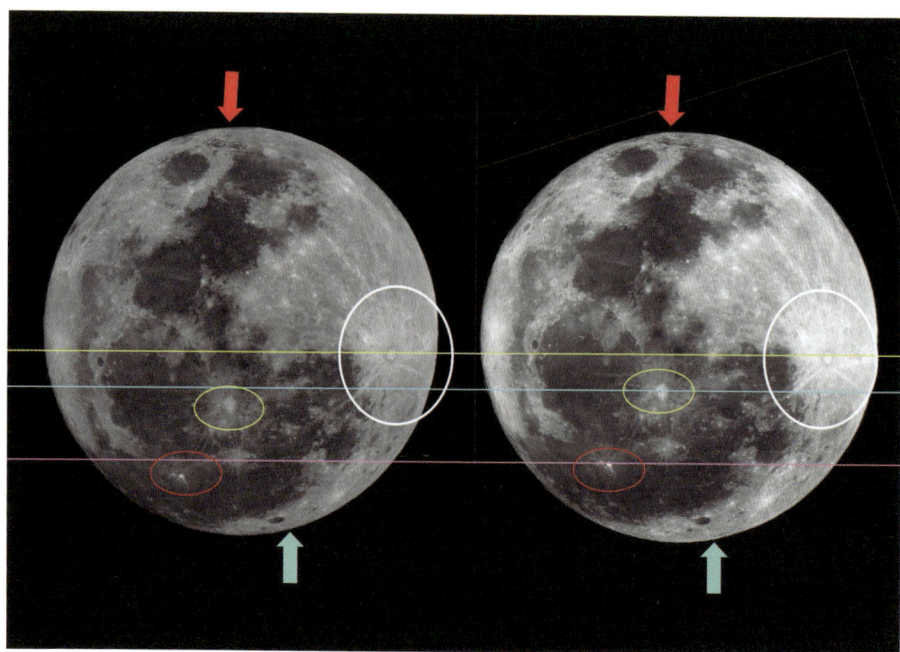

图 1.3　不同时间拍摄的满月照片

我们在地球上可以看到月球表面的大约 59%。

　　如果想观测月球的天平动，大家不妨尝试用同一相机（或手机）设置同样的参数，在不同月份（或年份）对天空同一方位的月亮拍照。累积起来做一个比较，你一定会有惊喜的发现！

月亮的圆缺变化是被遮挡造成的吗？

　　我们用图 1.4 来说明月亮发生圆缺（月相）变化的原因。从图中我们可以看到，月相的变化与太阳、地球、月球三者都有关系。从太空看，月球围绕地球运动的过程中受到太阳光的照射（太阳离地球和月球都很遥远，太阳光近似平行光），总有一半是亮面；但从地球上看，月亮被太阳照亮的部分有时看到的多，有时看到的少。

图 1.4　月相变化原理图

比如初一（这是农历一个月的起始，叫做"朔日"）这一天，从空间看太阳、月球、地球顺序排成同一个方向（但不是严格的一条直线），月球运行到太阳和地球中间，此时从地球上看不到月球被太阳照亮的半边，就好像排队在后面的同学看不到前面同学的脸一样，所以这天是无月夜（月亮是黑的，看不见）。这种月相叫作朔，也叫新月。

第二天是初二，相比初一，月球已经围绕地球转过了一个角度，虽然从太空看月球还是一半亮一半黑，但我们从地球上看月亮的样子细细弯弯，呈反 C 形的"蛾眉月"（俗称月牙），这是因为我们从地球上只能看到月球被太阳照亮的一小部分。

以此类推，初三、初四、初五、初六……月球每天围绕地球转过一个角度，我们在地球上看到的月球被照亮的部分越来越多，月相呈现的是月牙越来越胖、月缺的部分越来越少。到月球围绕地球转过差不多 90°的时候，此时从地球上看到的月球是半个圆（称上弦月），也就是我们从地球上看到月球被照亮的半边。

此后月球继续围绕地球公转，我们看到月球被照亮的部分越来越多，呈现的月相就是上凸月（比半圆多），而且越来越接近于满月。直到月球围绕地球转了半圈，从太空看太阳、地球、月球顺序排成同一个方向（但不是严格的一条直线）。此时从地球上可以看到月球被照亮的全部半边，看上去月亮圆圆的，呈现的月相是望月（又称满月或者圆月）。

望月之后，我们看到月球被太阳照亮的部分逐渐减少，呈现的月相是下凸月。到月球围绕地球转过差不多 270°的时候，此时从地球上看到的月球又是半个圆，呈现的月相是下弦月。之后在黎明前看到呈弯向东的正 C 形"残月"。经过一个朔望月，月相又开始重复变化。

图 1.5 一个月月相的变化（关越拍摄）

这里说的月相的变化，从朔到望的圆缺变化，月亮本身没有被遮挡。月相变化的原因是我们在地球上看到的月球被阳光照亮的部分，随着月球围绕地球转动的角度而变化。

为什么有十五的月亮十六圆的说法？

一般望月（又称满月或者圆月）发生在农历十五，但也有可能发生在农历十六或其他相邻的日子。我们的祖先早就通过长期观察月相的变化，总结出了月相变化的周期大约是 29.5 天。古人用这个周期编制了太阴历（简称阴历），但历法里的日子是整天的没有半天，于是古人巧妙地用大、小月平均了 29.5 天这个周期，即阴历规定大月 30 天、小月 29 天，并且规定阴历每月的第一天（初一，即朔）是看不见月亮的那一天。这样，只要知道阴历初几就能知道那一天的月相。正因为有大、小月的关系，当小月时月圆的那一天差不多在十五，而大月时月圆那一天多半会在十六。当然这种说法只是估算，不是很严格。

下面从科学上解释月圆到底什么时候出现。月球围绕地球转动的轨道并不是圆形而是椭圆形，即离地球有时远有时近。根据天体运动的开普勒定律（见下页图解），当月球离地球近的时候公转速度快，反之月球离地球远的时候公转速度慢。我们通常说的月相变化周期（即一个朔望月周期）是 29.5 天，这只是一个平均值。由于月球围绕地球公转时离地球有时远（走得慢）、有时近（走得快），所以有可能日子已经到十五，但月球还没走到最圆的位置，这就出现了"十五的月亮十六圆"的现象。

按照现代严格的历法计算，可以查阅天文机构编制的月相年历，月圆精确到时刻。据统计，月圆时刻发生在十五、十六居多；在极少数的月

开普勒定律

德国天文学家 J. 开普勒建立的行星运动三大定律：

① 轨道定律：所有行星运动轨道均为椭圆，太阳位于椭圆的一个焦点（O）上；

② 面积定律：行星与太阳的连线在相等的时间（t）扫过相等的面积（A），因此行星在近日点附近比在远日点附近移动得快；

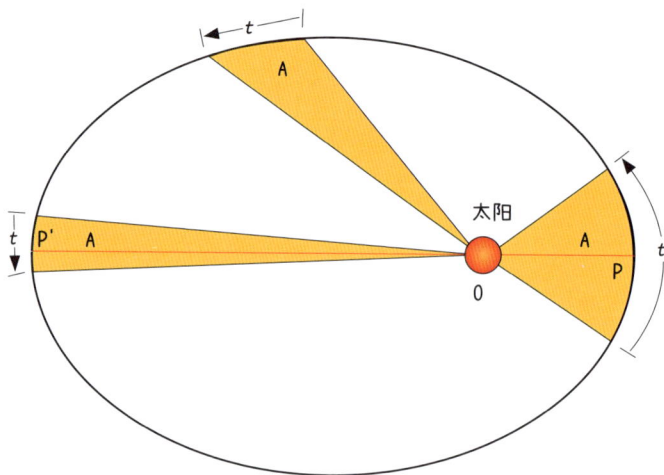

开普勒定律示意图

③周期定律：行星围绕太阳运动的公转周期的平方与行星轨道半长径（POP'/2）的立方成正比。

后来的研究表明，开普勒定律是一个普适定律，不仅适用于太阳系，对宇宙间具有中心天体的引力环绕系统（如恒星与行星、行星与卫星，以及双星系统等）也都成立。

份，月圆时刻可能发生在十四或者十七。例如：

2020 年 8 月 3 日（农历六月十四）23 时 59 分，曾上演"十五的月亮十四圆"；

2016 年中秋节是"十五的月亮十七圆"，最圆时刻出现在农历十七 3 时 5 分；

2017 年中秋节也是"十五的月亮十七圆"，最圆时刻出现在农历十七 2 时 40 分；

2022 年元宵节是"十五的月亮十七圆"，最圆时刻出现在农历十七 0 时 17 分；

未来的 2029 年 3 月 1 日（农历正月十七），将再现"十五的月亮十七圆"。

下一次的"十五的月亮十四圆"将在 2037 年 6 月 27 日（农历五月十四）23 时 20 分上演。

月亮也有东升西落吗？

人人都知道太阳从东边升起来，往西边落下去，但有很多没有认真观察过月亮运动的人不知道月亮同样也是东升西落的。其实，月亮在天空中的运动很好地反映了地球的自转。

观察月亮的东升西落很简单，任何一天只要看到天上有月亮，你就记录下时间和月亮所在的方位，然后过半小时、一小时……你就会发现月亮与太阳一样，都在向西运动（如图 1.6.1 ~ 1.6.3）。实际上，天球[①]上的所有天体一起自东向西转动，这正好反映了地球自西向东的自转。这种看起来天体都在东升西落的运动并非天体的真实运动，而是地球

①　天球：天球是一个假想的球，它是以观测者（或地球）为中心，以无穷远为半径的球面，所有天体都位于这个球面上（详见第 57 页）。

自转的反映，因为一天转一周，所以我们称之为"周日视运动"，视运动即眼睛看起来的运动。这就像我们坐在旋转木马上，看到周围经过的景物向相反的方向转动一样，天空里的天体运动就好像我们乘坐在地球这个"宇宙飞船"上看到窗外的景物一样。

由于地球一天（24 小时）自转一周（360°），即地球每小时自转15°，月球在天空中自东向西的转动也是每小时大约 15°。这里说大约，是因为月球同时围绕地球进行的公转（每月一周）比地球自转（每天一周）要慢很多，所以在同一个夜晚观察月亮，可以不考虑月球公转的影响。

在同一个夜晚，我们面向南，仔细观察和记录月球在天空中自东向西（也可以说是东升西落）的运动，就可以很好地理解，天体的东升西落是地球自西向东转动所致。下面的 3 幅图示意了不同月相时，月球以及天空星体的周日视运动。

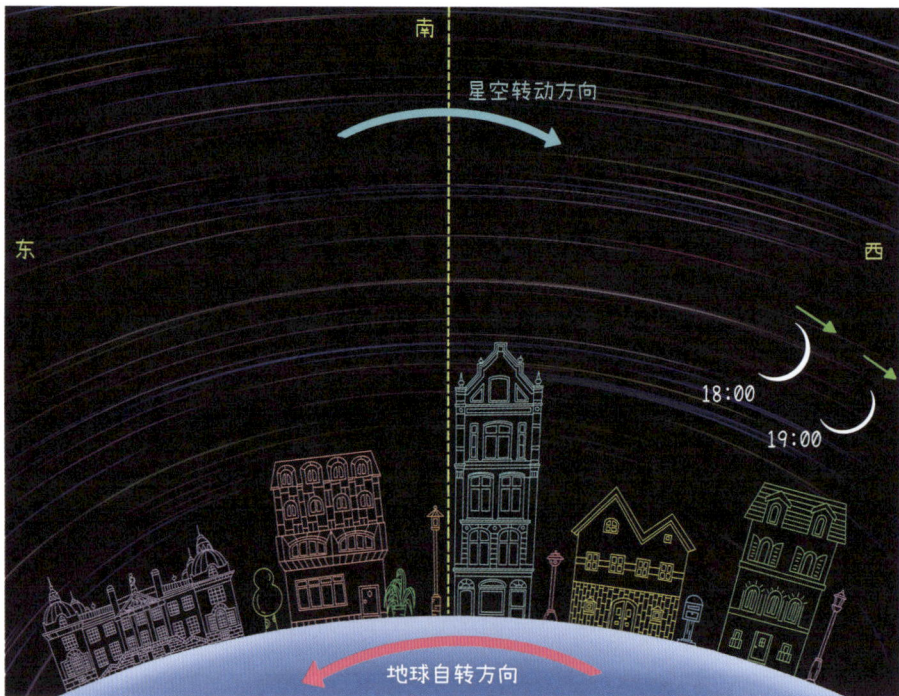

图 1.6.1　月球以及天体的周日视运动——蛾眉月

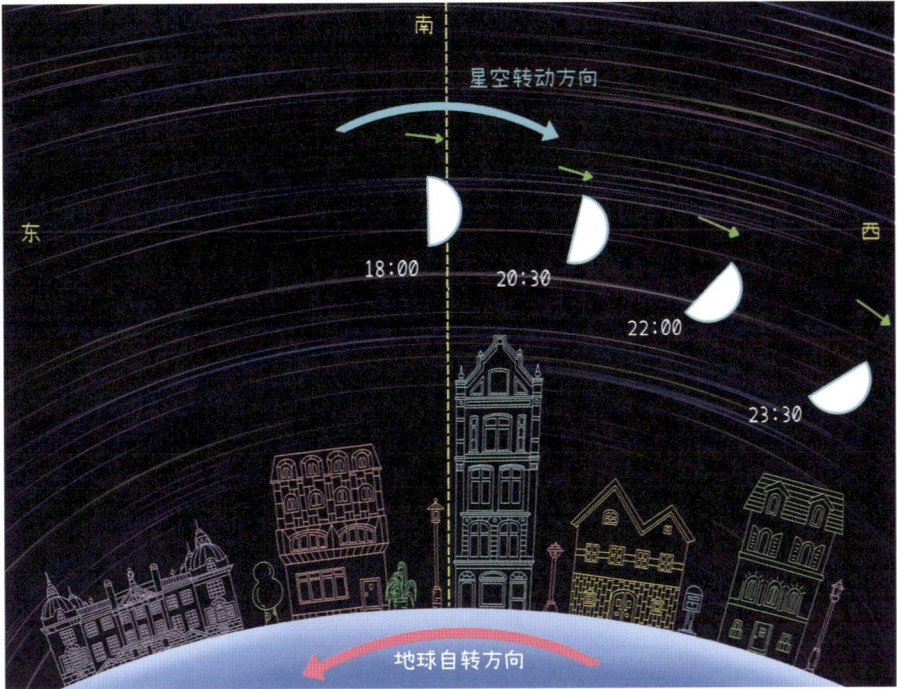

图 1.6.2　月球以及天体的周日视运动——上弦月

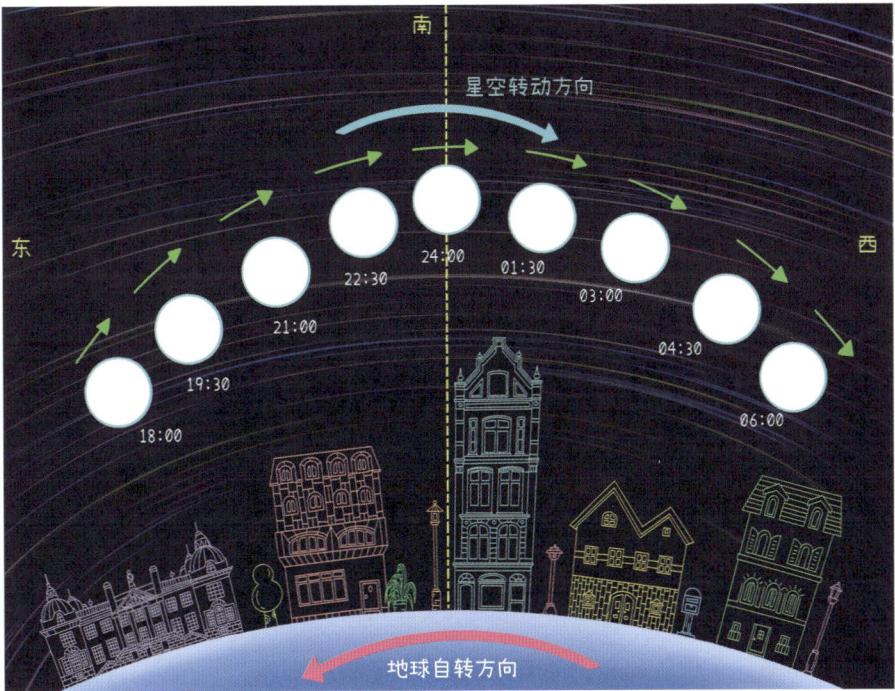

图 1.6.3　月球以及天体的周日视运动——满月

怎样观察月球的公转？

如果你在不同夜晚的同一时间（例如都是晚上 8 点）站在同一个位置观察月亮，你会发现月亮在不同的空间位置上（例如月亮今晚 8 点与昨晚 8 点相比，向东移动了一个角度）。连续观察几天，你会发现月亮每天都比前一天向东移动同样的角度。这就是月球围绕地球自西向东公转的证据。

如果我们同时在天空中也能看见其他恒星或星座，我们就会发现同一个晚上，月球是与恒星一起转动的（天幕带着所有天体一起自东向西转动），这反映了地球的自转；而不同的晚上，月球是在恒星背景里有移动的，这是月球自己围绕地球的转动。当然同一个夜晚里，月球自己也在围绕地球转动，只不过相对地球的自转，月球自己的移动小到几乎看不出来，但是过了一个晚上在同一钟点我们再看月亮时，就会发现月球比前一天向东移动了一个角度。图 1.7 是农历上半月，每天傍晚我们可以看到的月相和月球每天向东转动的角度。

这个角度我们可以粗略地估算一下：假设只考虑月球围绕地球的转动，转一周（360°）用 27.3 天，那么每天大约转 13°，这就是我们前面说的，月球每天比前一天向东移动的角度。所以在不同的夜晚，我们观察到月球在天空中自西向东移动，每天移动固定的角度（约 13°），反映了月球围绕地球公转的运动。

观察月亮或其他天体在天空移动的角度，也可以简单地用手进行估量，这样你自己就可以做空间角距离（角度）的测量了。只要你站在夜空下，伸直手臂，将手臂朝向天空，你的拳头的间距差不多就是 10°（图 1.8），比如月亮每天东移的角度大约是比一个拳头间距大点儿。成人和孩子手的大小不同，手臂长短也不同，但比例基本一致，所以这个方法是通用的。

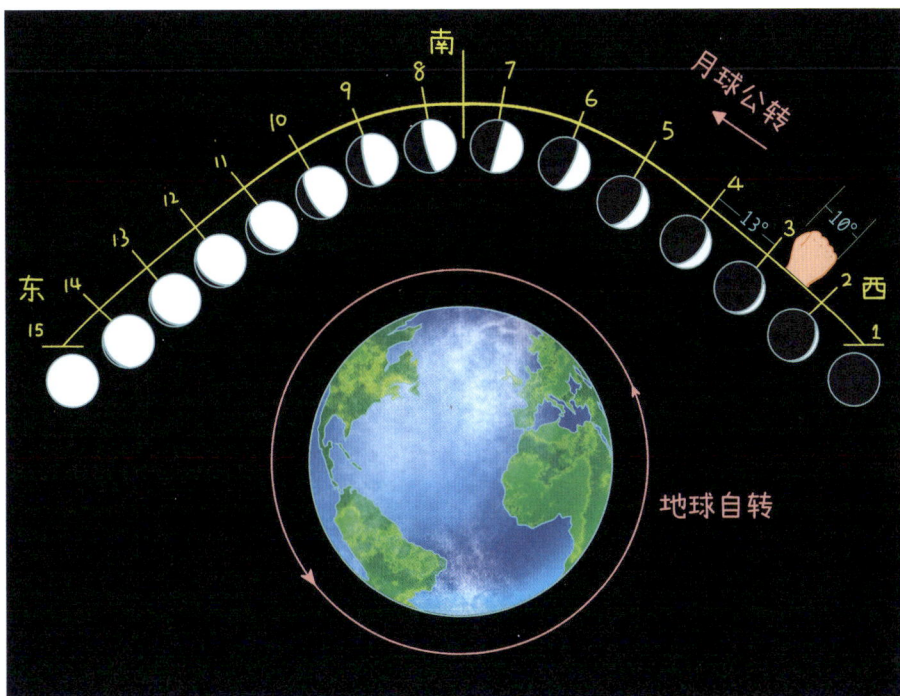

图 1.7　农历上半月傍晚月相的规律和月球每天向东转动的角度

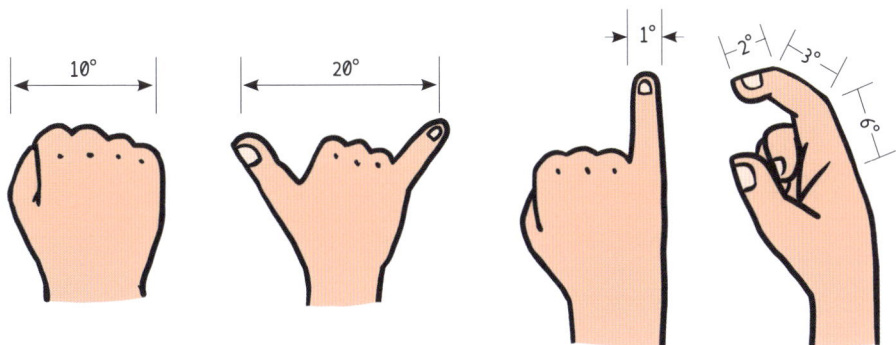

图 1.8　用手测量空间角距离（角度）的简易方法

为什么月亮每天比前一天晚升起？

你有没有注意到，月亮似乎总是比前一天晚一段时间才出现在天空的同一个位置？这是由月球的公转、地球的自转以及两者之间的相对运动共同作用的结果。

我们已经知道农历上半月的每天傍晚，几乎都可以在天上某一方向看到月亮（图 1.7）。但下半月的每个傍晚，我们不能马上看到月亮，需要等待一段时间，月亮才能升出来。那要等多长时间呢？其实在上半月里我们已经分析出月亮每天要东移（转动）一个角度（约 13°）。同理，过了满月（例如农历十五），月亮每天继续东移（转动）同样的角度，结果到第二天（例如农历十六）的傍晚，月亮就不在地平线上，而是在地平线下约 13°了（图 1.9，图中数字 1 代表初一，以此类推，下同）。因此我们要看到月亮需要等待地球自转 13°后，月亮才能从地平线上升起（图 1.10）。

月亮每天东移 13°只是一个估算，只考虑了月球围绕地球公转，没有考虑地球本身也在自转。如果两者一起考虑，那么地球上某地的观察者看到月亮相邻两次升起的时间间隔，实际上是一个太阴日的概念（严格说，一个太阴日是月亮连续两次上中天①的时间间隔，等于 24 小时 50 分 28 秒）。

初学者通常只想知道农历下半月每天的月出时间，以便在适当的时间安排观测。考虑到观察者所在地的地平线情况不尽相同，所以我们一般说月亮每天比前一天晚升起大约 50 分钟。这样一来，大家就可以根据这个规律，提前预估时间，安排观测农历下半月的月亮了。

---

① 上中天：指天体（包括太阳、月亮）每天周日视运动（东升西落）轨迹的最高点。天体经过观测者的子午圈时称为中天。经过包括天极和天顶的那一半子午圈时，天体到达最高位置，称为上中天。

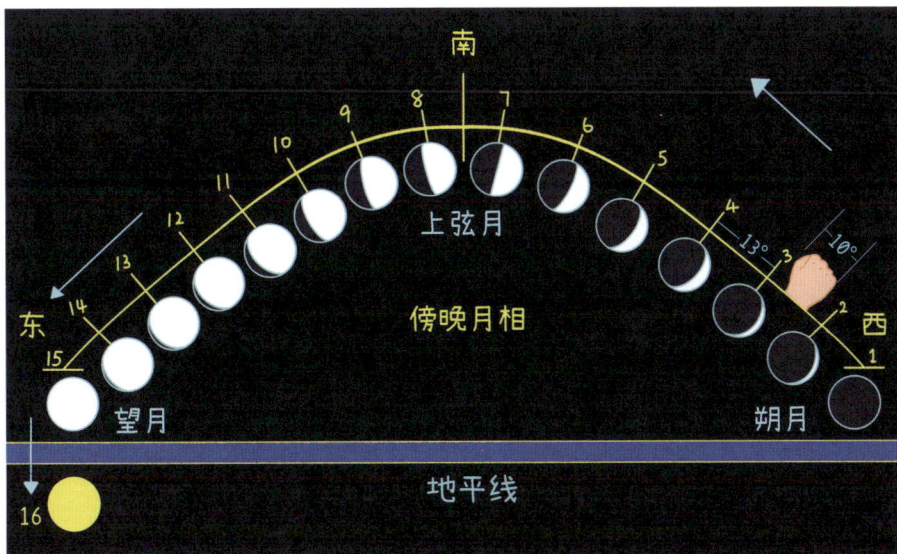

图 1.9 农历上半月傍晚的月相

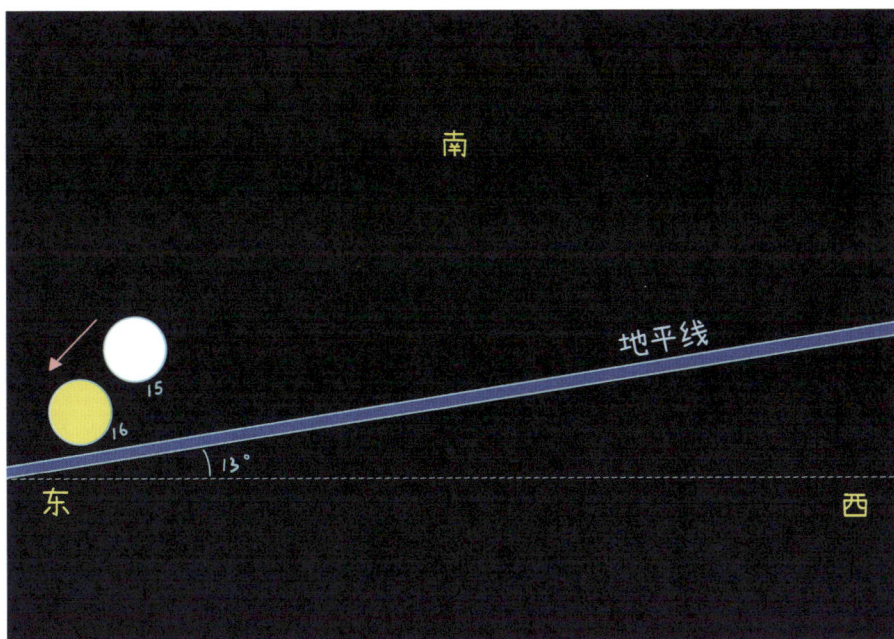

图 1.10 地球自转与月亮升出

为什么白天也可以看到月亮？

很多人都在早晨或者下午看到过月亮，图 1.11 可以一目了然地让你知道，农历每月大致什么日期，什么时间，在什么方位，你会看到什么样的月相？

▼ 农历初二至农历初六，可以在傍晚的西边，看到弯弯的蛾眉月。这时月亮的方向与太阳的角距离①比较小，在太阳还没有落入地平线下的时候，天空还很亮，不容易看到月亮。只有当太阳落到地平线附近时，才能在太阳落山的方向看到弯弯的月亮。

▼ 农历初七、八至农历十二、十三，可以在下午看到上弦月到上凸月。因为这时的月亮离太阳角距离比较大，且月相是半个圆或以上（比较亮），在太阳还没有落入地平线下的时候，我们就可以看到月亮。

▼ 农历十三、十四至农历十五、十六，我们在太阳落山的时候才看到月亮从东边升起。因为在此日期太阳没有落下之前，月亮还在地平线下，只有太阳运动到西边地平线附近时，月亮才能露出东边地平线。

▼ 农历十五、十六，我们整夜都能看到满月，月亮傍晚从东边地平线升起，早晨从西边地平线落下。

▼ 农历十六、十七至农历二十一，我们可以在午夜前看到东边的下凸月（见图 1.11 下图），只是月亮每天比前一天要晚升起约 50 分钟。

▼ 农历廿二、廿三，下弦月要到午夜才能升出东边地平线，越往后升起得越晚。

---

① 角距离：指从不同于两个点物体的位置（即第三点）观察这两个物体，由观测者指向这两个物体的直线之间所夹角度的大小。

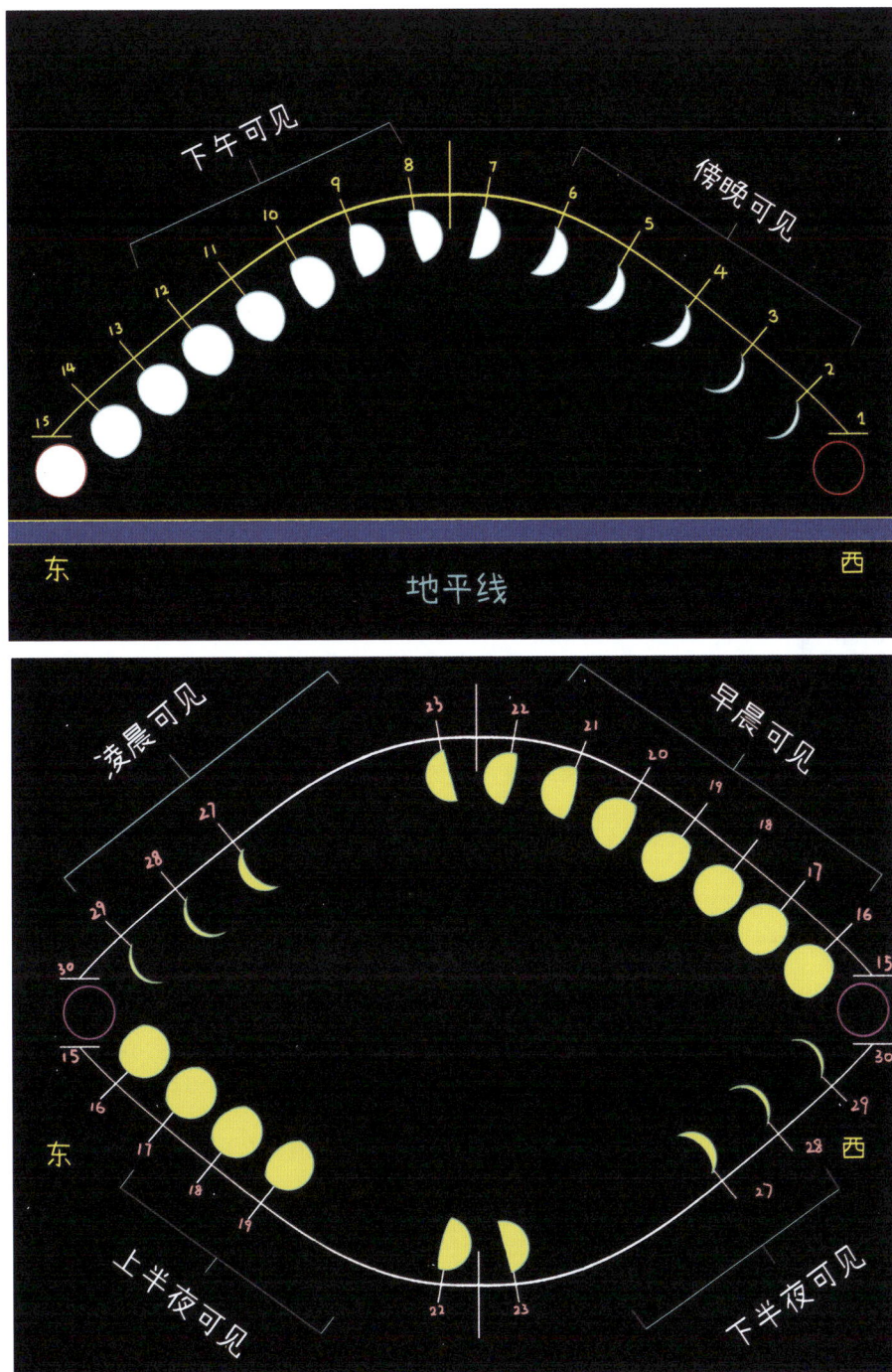

图 1.11　最佳观月时段

▼ 农历下半月的月亮我们也可以在早晨观看，因为月球每天随地球自转，在天空转一周，每一夜转半周，因此晚上在东边地平线下的月亮（例如农历十六的月亮），到早晨就转到西边地平线上了（图 1.11 中用黄色的月亮表示傍晚在地平线下，早晨转到了地平线上的月亮）。

▼ 农历月末几天，月亮离太阳角距离较小，因离太阳较近，残月只能在黎明前的东边看到，太阳升起来了，就看不到了。

为什么不是每月发生一次日、月食？

我们前面说到朔和望的时候都强调太阳、地球和月球三者是在同一个方向，但不是严格地排成一条直线。当太阳、地球和月球严格地排成一条直线时，就会发生日食（月球的影子落到地球上）或月食（地球的影子落到月球上）。为什么它们每个月都有两次机会排列在同一个方向，却很少真的能严格地排成一条直线呢？

下面我们用图 1.12 来说明。如图所示，地球围绕太阳运行的轨道——黄道，与月球围绕地球运行的轨道——白道，并不在同一个平面里，而是有一个大约 5°的夹角，因此在它们运动的过程中，尽管每月在朔和望都有机会排成一顺的方向，但并不都能严格排在一条直线上。

只有当太阳、地球、月球三者基本上排成一条直线时，才可能发生遮挡，即发生日食或月食。

也就是说，发生日食只有在朔这一天才有可能，此时如果月球与地球、太阳在一条直线上，月球会遮挡太阳，其影子会落到地球上，但朔这一天不一定会有日食，因为如果月球与地球、太阳不在一条直线上，月球的影子就不一定落到地球上。同样，发生月食只有在望这一天才有可能，此时如果月球与地球、太阳在一条直线上，地球的影子会落到月球上，但望这一天不一定会有月食，因为如果月球与地球、太阳不在一条直线上，地球的影子不一定落到月球上。

地球带着月球围绕太阳公转一周（一年）期间，一般有两个位置有发生日、月食的机会（如图 1.13）。但因为它们互相运动的变量很多，这两次机会不一定都能发生食。大家要了解具体发生日、月食的信息，还需要关注有关预报。

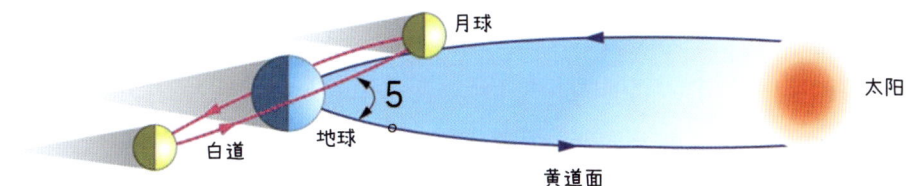

图 1.12 朔、望月时不一定发生日、月食

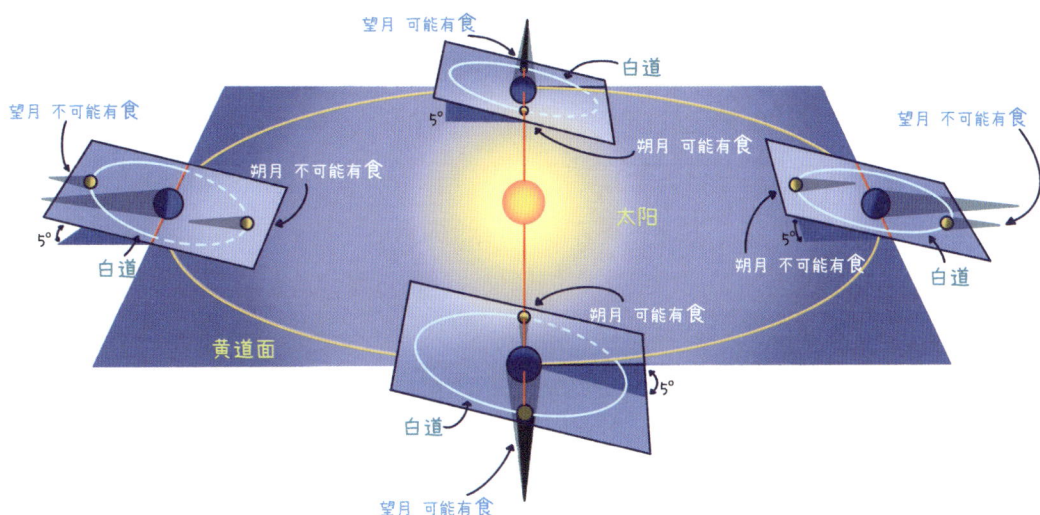

图 1.13 发生日、月食的机会

为什么有日环食但没有月环食?

1. 日食发生的原理和日食的类型

日食指观察者视线中太阳被月球遮挡的现象。日食的发生是因为月球在围绕地球运行过程中有时会走到太阳和地球中间,地球、月球与太阳三者在空中排成一条直线,此时月球被太阳照射的影子投射到地球上,而地球上处于月球影子里的人就看到太阳被遮挡。

日食的分类主要看你站在本影区还是半影区,由于太阳、地球、月球三者在空间运动以及影子有本影和半影[①]的区别,因此日食也有不同类型(见图 1.14、图 1.15):

▼ 日偏食:观察者在地球上站在月球半影区(图 1.14 中的甲),他会看到太阳的一部分被遮住,即看到日偏食。

▼ 日全食:观察者在地球上站在月球的本影区(图 1.14 中的乙),他会看到太阳全部被遮住,即看到日全食。

▼ 日环食:当月球距离地球较远时,月球的视直径[②]减小,其本影不能到达地球,而是月球本影的延长线到达地球表面,此时观察者在地球上站在月球的本影的延长线区域(图 1.15 中的丙),他会看到太阳大部分被遮住,但露出最外圈一个亮环,这就是日环食(此时在半影区的观察者同样看到的是日偏食)。

---

① 本影和半影:当一个比较大的发光体(不是一个点)发出的光照射到一个不透明的物体时,所产生的影子有两部分,完全暗的部分叫本影,半明半暗的部分叫半影。

② 视直径:眼睛看到的物体最宽的两边和眼睛之间的夹角,单位为度、分、秒。

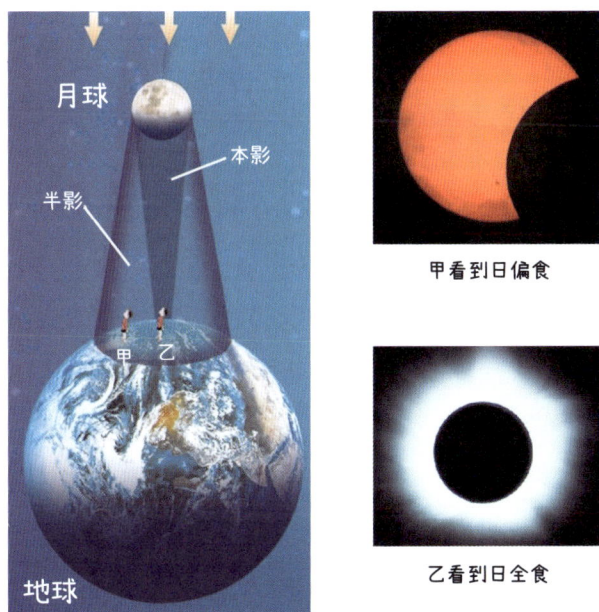

图 1.14 日偏食与日全食

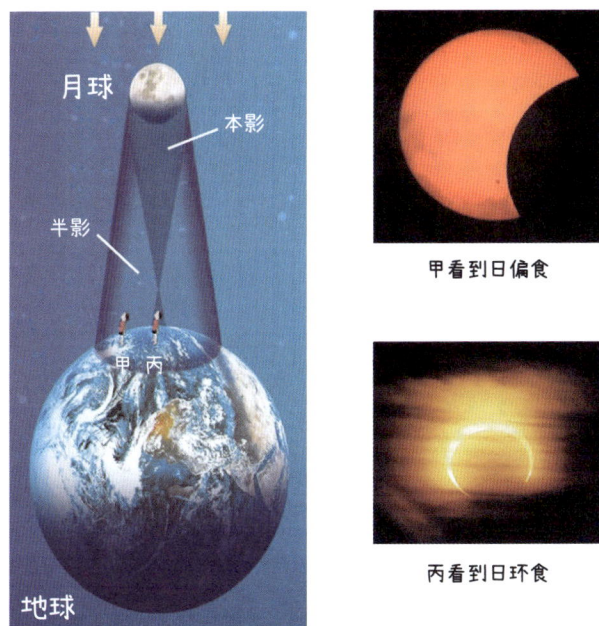

图 1.15 日环食

2. 月食发生的原理和月食的类型

月食指月球进入地球阴影（简称地影，分为本影和半影两部分），月面变暗的现象。月食发生的原理与日食类似，是由于月球、地球与太阳三者在空中排成了一条直线，地球被太阳照射的影子投到月球上，导致地球上位于黑夜半边的人看到月球被地影遮挡。

月食的分类是看月球进入什么类别的地影里。一般的月食都是指月球进入地球的本影区。月球整个都进入本影，发生月全食；只是一部分进入本影，则发生月偏食（图 1.16、图 1.17）。一次月食可能全程都是偏食（即月亮从地球影子边缘穿过去，图 1.16），也可能先偏食，后全食，再偏食，最后复原（即月亮从地球影子中间穿过去）。因为地球直径比月球大，其影子遮住月球后要么全部遮住形成月全食、要么部分遮住形成月偏食，但不会露出一圈，所以不会有月环食。

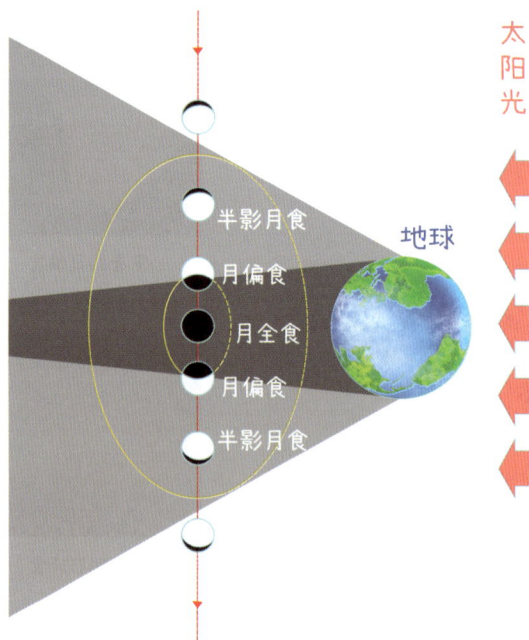

图 1.16 月全食示意图

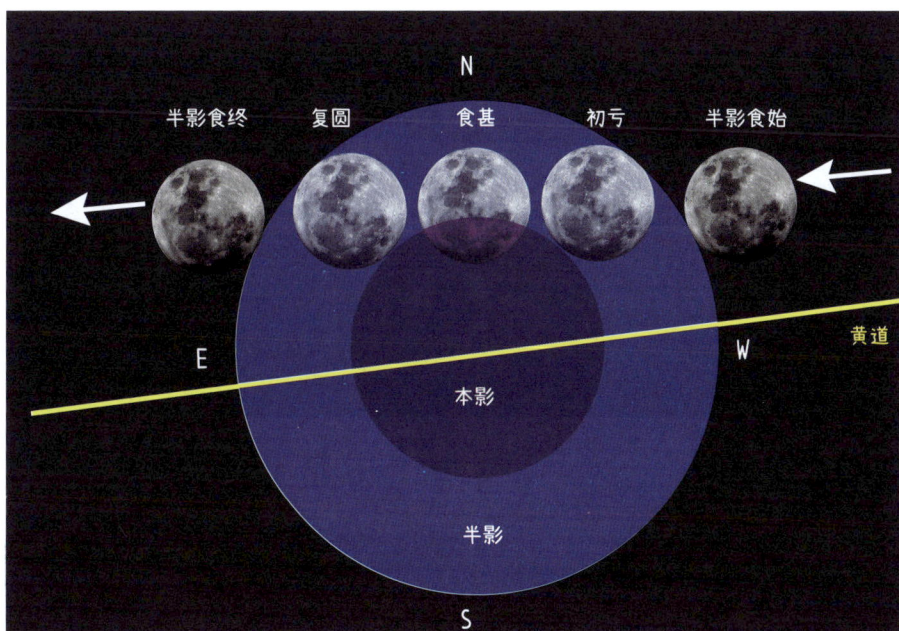

图 1.17　月偏食示意图

为什么日全食持续时间比月全食短?

1. 日食的五个阶段

在地球上某地观察具有全食的日食和月食,其过程都要经过五个阶段,即初亏、食既、食甚、生光和复圆(偏食只有初亏、食甚、复圆三个阶段)。我们以日食过程为例进行说明(图 1.18、图 1.19)。

▼ 初亏:因月球自西向东绕地球公转,所以当月球东边沿相切于太阳西边沿时,日食过程正式开始,太阳开始出现亏损(此时处于偏食阶段)。

▼ 食既:月球继续向东运行,当月球视面全部进入太阳视面,且月

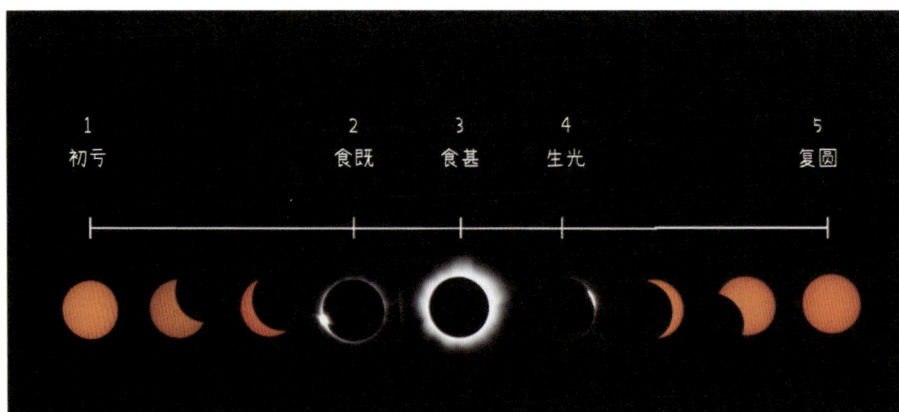

图 1.18　日食的五个阶段

图 1.19　日食的五个阶段示意图

球西边沿相切于太阳西边沿，此时称为食既。日全食阶段开始。

▼ 食甚：当月球东移至中心与太阳中心重合的位置，日全食达到极点，称为食甚。

▼ 生光：月球继续东移，当月球东边沿相切于太阳东边沿时，太阳即将露出，光芒即将重现，此时称为生光。日全食阶段结束。

▼ 复圆：生光后月球遮挡太阳越来越少（此时处于偏食阶段），当月球西边沿相切于太阳东边沿，太阳圆盘形状完全恢复，此时称为复圆。整个日食过程结束。

图 1.19 是日食过程五个阶段示意图，图中月球视面画得小一些，方便说明原理。

2. 日食和月食的持续时间

一般来说，日食全过程大约会持续 1 个小时左右，其中全食阶段（食既到生光）大约只有几分钟。而月食全过程大约会持续几个小时，其中全食阶段（食既到生光）大约有 1 小时。为什么日食全过程以及全食阶段，都比月食全过程及其全食阶段短呢？

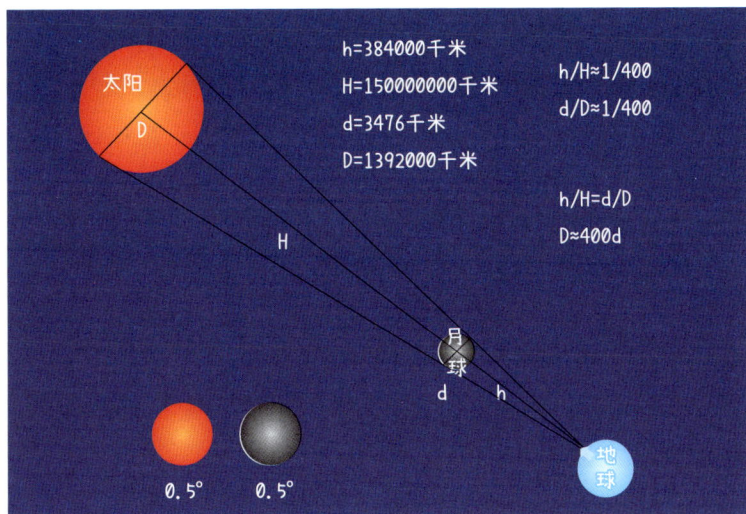

图 1.20　太阳的视直径和月球的视直径

这是因为太阳的真实直径比月球的真实直径大差不多 400 倍，但太阳到地球的距离比月球到地球的距离远也是差不多 400 倍（图 1.20）。因此在地球上观察，太阳的视直径和月球的视直径看起来差不多大，都是大约 0.5°。所以在日全食阶段，月亮刚刚能全部遮住太阳（大约几分钟）很快就移开了。

当月球距离地球稍微远一点的时候，月球的视直径看起来就比太阳小一点，此时如果发生日食，月球就不能完全遮住太阳，而是在太阳外圆处露出非常小的一圈，那就是日环食。

再说月食，地影遮住了月球，而地球直径大（其影子的直径也大），所以月球穿过地影的时间也长，故月食的全过程及其全食阶段都比较长。

我们看到日、月食的机会哪个更多？

1. 在空间上发生日、月食的概率

地球围绕太阳运行的黄道与月亮围绕地球运行的白道，在天球上的投影的夹角大约是5°。只有当月球和地球运行到两个交点附近时才有可能发生日食或月食。科学家经过推算得出，每年可能发生日食2～5次，但发生月食最多2次，也就是说每年发生日食的概率大于月食。

2. 在地球上某固定位置观看到日、月食的概率

发生月食的时候，地球背对太阳（面向月球）的一边（就是黑天的一边）都可以看到月食。而发生日食的时候，只有在地球上特定的区域（月球阴影区）里才可以看到。

因此，对整个地球来说，每年发生日食的次数可能比月食多，但是对于地球上某个地方的人来说，看见日食的机会要比看到月食的机会少。

什么是日食带？

当某次日食发生时，月亮虽然挡住了太阳，但其本影锥[①]落到地球表面是很小的区域，其直径最大也只有几百千米。当月球围绕地球转动时，本影锥会在地面上自西向东扫过一段比

---

① 影锥：指地球和月球这两个不发光且不透光的天体在太阳光照射下产生的影子。由于太阳、月球和地球都是球形天体，因此月球和地球的影子呈圆锥形。按其受光的强弱，影锥分为三部分：本影、半影和伪本影。

较细长的地带，叫做"日食带"。带内看见日全食的，就叫全食带；带内看见日环食的，就叫环食带（图 1.21 中的红色区域）。

　　全（环）食带的两旁是广阔的半影扫过的地区，在这些地区内可见偏食。实际上可以看到偏食的地区已经不像一条带子，而是很宽大的一片区域（图 1.21 中红色区域两侧的蓝色部分）。离全（环）食带愈近的偏食区，所见偏食程度（食分①）愈大；离全（环）食带愈远的偏食区，可见偏食程度（图 1.21 中的数字）愈小；半影区以外的地方是看不见日食的。

　　地球上各地人们看到日食的时间是不同的。当地面上的西部地区已经处在黑影区域内，这一地区的人已经看到日食时，东部地区的人却不能同时看到日食，需要等到月影向东移过来后才能看到日食。

　　日食每年都有可能发生，但由于全（环）食带是一条狭窄的区域，据估计，平均每 200 ～ 300 年，地球上某一地区或城市才有机会被全（环）食带扫过，所以对一直住在同一个地方的人来说，可能一生都看不到一次日全（环）食。

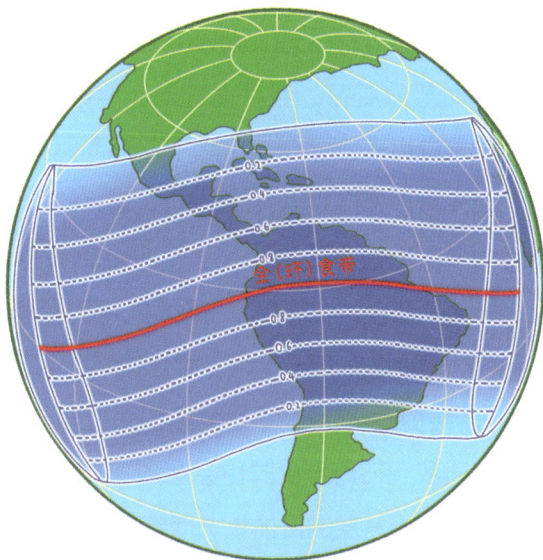

图 1.21　某次日食发生时的日食带示意图

────────────

①　食分：指日、月被遮挡（食）的程度。以日食为例，食分表示太阳视直径被遮的部分与正常太阳视直径的比值，而不是被遮掩的面积与正常面积之比。如果日食的食分为 0.5，表示太阳的直径被遮去了一半；如果食分为 1，表示太阳全部被遮住（日全食）。从这里可以看出，食分越大日面被遮掩的程度越大。日偏食和日环食的食分都小于 1.0，日全食的食分则是大于等于 1.0。月食的食分以此类推。

为什么月全食会出现红月亮？

红月亮就是看起来呈古铜色的月亮。这种情况一般出现在傍晚月亮刚升出地平线的时候，或者在月全食的时候。月亮本来被太阳照亮的部分看起来是白亮的，但我们是在地球上观察月亮，地球有一层大气，对光线有一定的折射、反射、散射等作用，这些作用的结果使得月亮有时候看起来发红，俗称"红月亮"。

月全食阶段为什么会出现"红月亮"呢？原因可以用图 1.22 解释。如果发生月食（日、地、月运行到一条直线上），月球就会因进入地球的影子里而部分变黑。当月食进入全食阶段，月球就会完全进入地球本影里，按理说月亮应该变得全黑了，然而月亮却变成了红铜色。这是为什么呢？原来直线方向射到月球上的太阳光确实被地球挡住了，但通过地球边缘的大气层射过来的太阳光，不是全部被挡住，而是其中短波颜色（青、蓝、紫等）的光线在穿过地球大气层时被散射或吸收掉了，而长波颜色（红、橙、黄等）的光线可以穿过大气，又经折射照到月球表面上，所以看上去全食阶段的月亮不是全黑的而是发红的。

有时我们在月全食时也会看到"灰月亮"或"黑月亮"等，这主要根据当时地球大气层的具体情况而定。

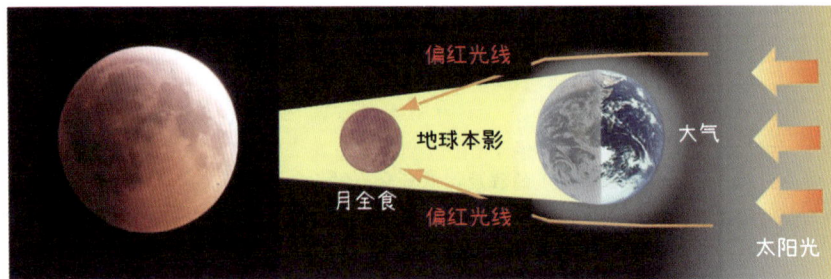

图 1.22　月全食阶段出现红月亮的原因

什么是"蓝月亮"？

英文描述蓝月亮为：A blue Moon is the second full Moon in a month, we say "once in a blue Moon" when something hardly ever happens（"蓝月亮"指一个月中的第二次满月，我们用"出现蓝月亮"来描述几乎不会发生的事情）。这里前半句的"blue Moon"是指在同一个阳历的月里若有两个满月，则第二个满月叫做"blue Moon"（不是指月亮的颜色蓝，而是稀少的意思），后半句说明"blue Moon"常用来指不可能或稀有的事情。

为什么在阳历的一个月里会有两个满月呢？我们知道阳历也有大、小月（2月除外），大月31天、小月30天，而阴历是大月30天、小月29天。所以在一个阳历的月里，有可能出现2个满月。例如阳历的月初（例如1日或2日）是满月，那就有可能在月尾（例如30日或31日）也是满月，这个月尾的满月就是英文里描述的"蓝月亮"。

从2023年月相年历（图1.23）中，我们可以发现2023年8月2日和31日都是满月，其中8月31日的满月是同一个月里的第二个满月，即"蓝月亮"。

天文简单学

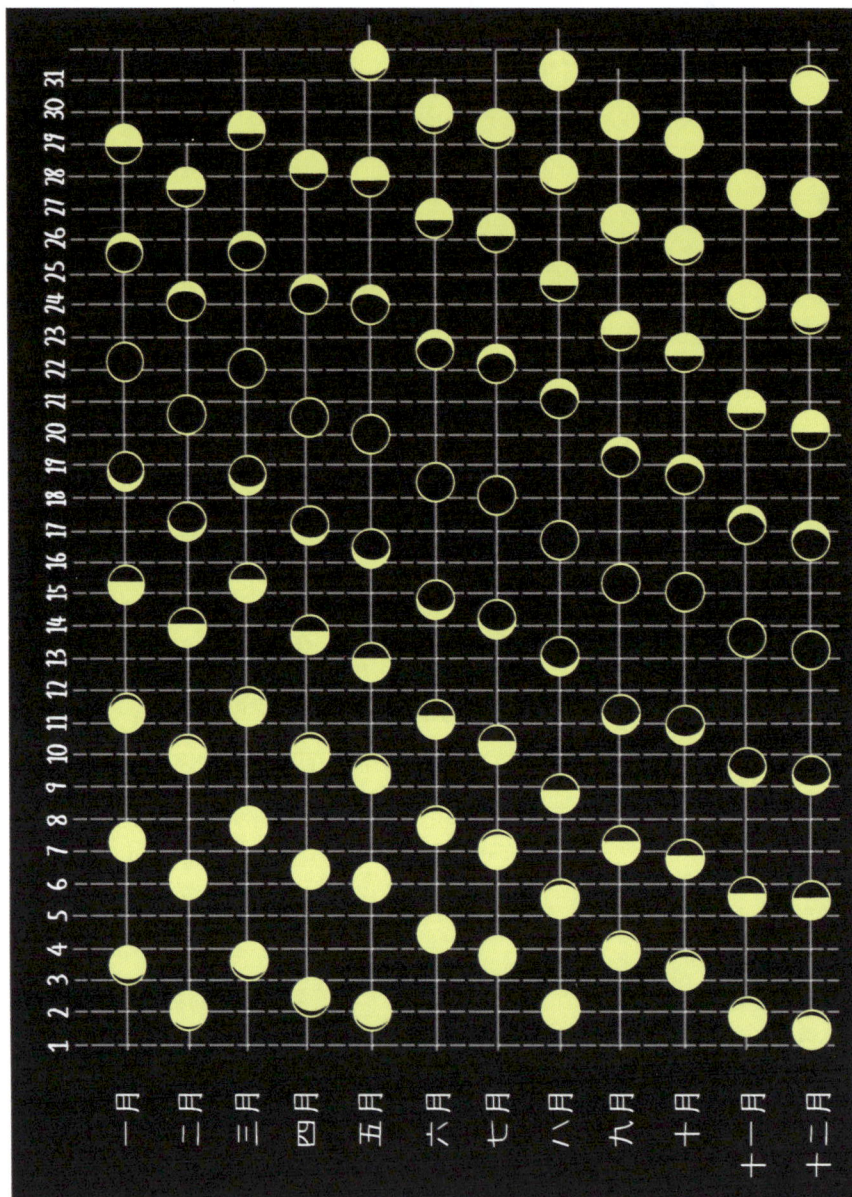

图 1.23　2023 年月相年历

什么是超级月亮？

"超级月亮"是 1979 年由美国公众提出的新名词，描述新月或者满月时，月亮位于近地点附近，因为离地球近而看起来比平时更大的现象。

1. "超级月亮"是如何形成的？

同其他天体一样，月球围绕地球公转的轨道也是椭圆，所以会有时离地球近（最近的称为近地点），有时离地球远（最远的称为远地点）。月球离地球最近的时候距离约 36.3 万千米，最远的时候距离约 40.6 万千米，月地平均距离约 38.4 万千米。由于月地距离的最远值和最近值相差大约 4.3 万千米，超过平均距离的 10%，所以从地球上看，月球在近地点时要比它在远地点时大一些，也亮一些（图 1.24）。

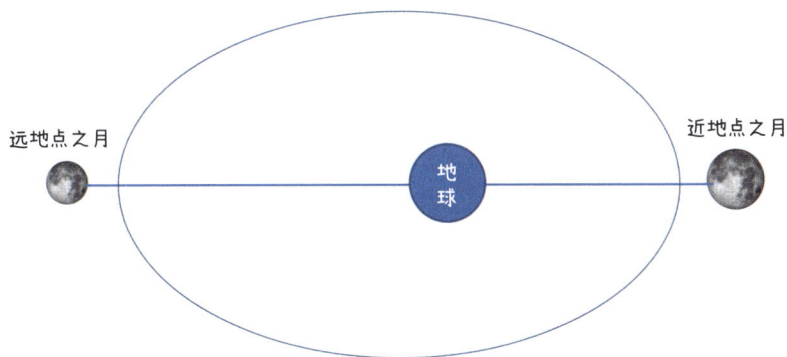

图 1.24　近地点之月与远地点之月

月球在任何月相时都有可能经过近地点，但只有在满月时恰临近地点才称为"超级满月"。同样的，新月恰临近地点称为"超级新月"，但新月人们看不见，因此很少被人提起。而在"超级满月"时月亮看起来比平时的满月更大也更亮，所以每次超级满月来临都会被人们热切关注。久而久之，人们就把"超级满月"称为"超级月亮"了。有时，正规超级月亮前后的满月，也很临近近地点，此时月亮看起来也很大，很多人也将这样的满月叫做"超级月亮"。

2."超级月亮"出现的概率

天文学上把月球绕地球公转连续两次经过近地点的时间间隔称为一个"近点月"，是月球运行的一种周期，时间为 27.5 日。根据历法计算，14 个朔望月的时间间隔与 15 个近点月的时间间隔非常接近。也就是月球每经历 14 个朔望月（约 413.4 天），就会临近第 15 个近点月的近地点。这就意味着，每隔 1 年零 1 个月 18 天（约 413.4 天），我们就会迎来一次"超级月亮"。

怎样观察超级月亮？

用眼睛观察"超级月亮"（满月）最好的时机是月亮刚升起或快落下时。这时的月亮处于地平线之上，因为有参照物和视觉效应等原因，看起来会显得更大。

尽管超级满月比最小的满月更大更亮，但要用肉眼比较还是有一些困难的。特别是有城市灯光影响或天气等原因，使超级月亮与平日的满月差异更难分辨。为了真实记录和比较超级满月和普通满月的大小差别，最好用相机拍照记录下来。

可以用单反相机或手机相机的专业模式，连续几个月拍摄满月的照片，然后把一系列焦距相同的满月照片合成到一起，就会比较出月亮因离地球远近的变化而产生的直径大小的差别（如图 1.25）。每张满月的照片应该具有一致的拍摄条件和参数，这样才好比较。拍摄的时间不一定在月亮刚升起或快落下的时候，也可以在月亮有一定高度的时候或者月亮上中天附近（此时大气对月亮的影响最小）。使用单反相机拍摄满月，最好用长焦镜头（一般要 200mm 以上）拍出月亮的细节。

　　图 1.25 展示了 20 张连续朔望月的满月照片。如果用眼睛看都差不多，但全部放在格子里就可以看出月亮视面大小的变化（超级月亮很大几乎充满格中，而普通满月较小在格边缘还有空间），例如图中 3 ～ 5 号满月显然比其他大，同样相距 14 个月后的 17 ～ 19 号满月也很大。

　　有兴趣的读者也可以拍摄每月的满月，将照片排成一列，累积 1 ～ 2 年就可以获得很好的作品。

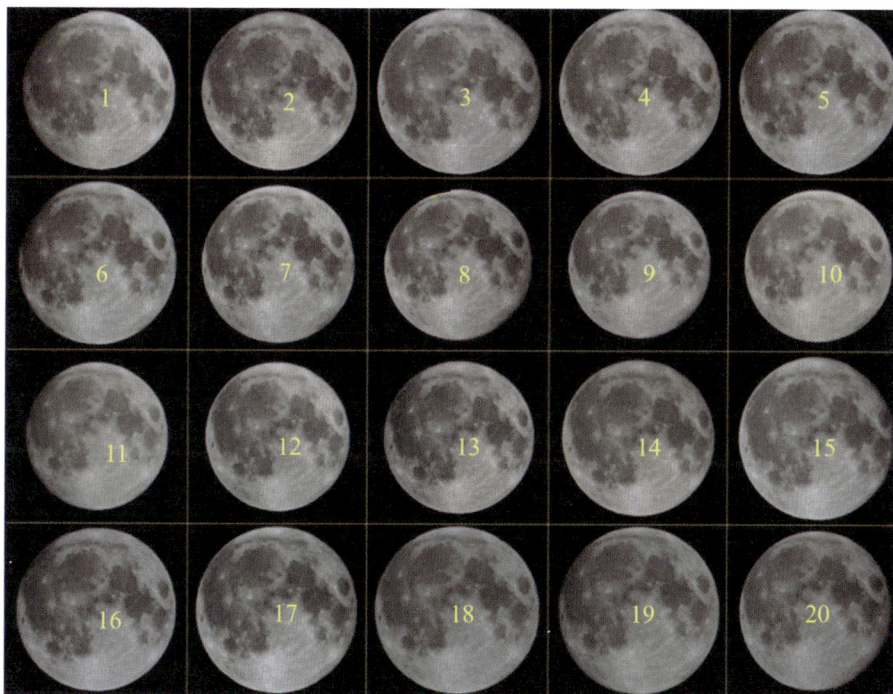

图 1.25　超级月亮与普通月亮

为什么潮汐的周期与月亮有关？

潮汐，是海边最常见的、海水周期性涨落的一种自然现象。远古时代生活在海边的人就知道这种现象，而且认识到了海水涨落的周期与月亮的出没周期相关。他们把发生在白天的海水涨落称为潮，发生在晚上的海水涨落称为汐，统称为潮汐。

潮汐与月亮的关系最为显著，民间有"初一、十五落大潮"的谚语，而且每天的潮汛来临总是比前一天差不多晚 50 分钟，也与太阴日[①]的周期吻合。因此很容易使人想到应该是月亮在牵引地球上的海水。近代的科学研究表明，潮汐现象确实与月亮有极大的关系，但也与太阳和其他因素有关，而且各地沿海的潮汐呈现出不同的规律。潮汐学是一门海洋专业研究的基础课程，我们这里只能给出简单的解释：根据万有引力定律，地球与月球之间互相都有引力作用，引力对于固体、液体、气体都有作用，但对固体和气体的作用表现不明显，而对大片水域（如海洋）的作用就表现出潮汐这样有规律的现象。

月球对地球海水的吸引力，视地球表面各点离月球的远近而不同，正对着月球的地方受引力大，海水会向外膨胀；而背对月球的地方海水受引力小，但离心力变大，海水在离心力作用下，也会向背对月球的地方膨胀，这就解释了为什么处于地球正对着月球那一边和背对着月球那一边都会出现涨潮的现象（图 1.26）。

科学家把由月球的引力所引起的潮汐称为"太阴潮"，由太阳的引力所引起的潮汐称为"太阳潮"，又把作用于天体内部单位质点上的力（包括自身引力及自转有关的惯性力和其他天体的作用力之和）称为"引潮力"。

---

① 太阴日：一个太阴日是月亮连续两次上中天的时间间隔，等于 24 小时 50 分 28 秒。

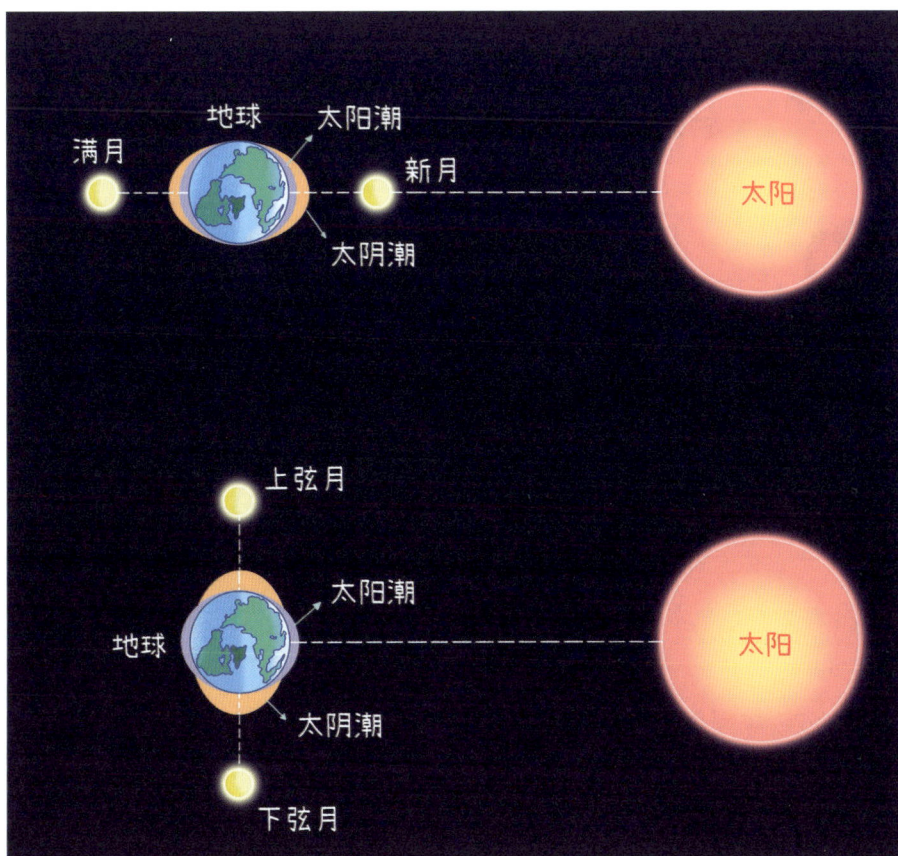

图 1.26　潮汐原理

　　月球或太阳对地球上同一点所产生的引潮力，与它们的质量和距离都有关系。太阳的质量虽然大但距离地球远，月球的质量小但距离地球近，所以月球的引潮力约为太阳引潮力的 2 倍多。太阳潮起到增强或减弱太阴潮的作用，从而造成大潮和小潮。

　　一般在朔和望的时候会发生大潮，因为那时月球、太阳和地球几乎在同一直线上，太阴潮和太阳潮彼此叠加，使得涨潮特别高，落潮也特别低。此时，如果月球又经过近地点或者赶上日食与月食，那么就会引发更大规模的涨潮和落潮。当月相为上、下弦的时候一般发生小潮，因为那时月球和太阳的空间角度相距 90°，太阴潮被太阳潮抵消了一部分。

钱塘江大潮一定在农历八月十八吗？

钱塘江大潮是我国著名的自然景观，它与南美亚马孙潮和印度恒河潮并列，被誉为世界三大涌潮。钱塘观潮始于汉魏，盛于唐宋，2000 多年经久不衰。每年，新闻也在不断报道钱塘江大潮观潮的消息。

钱塘潮之所以著名，在于它的气势和壮观。当潮涌到来时，伴随着隆隆的潮声，汹涌澎湃的潮水呼啸而来，势如万马奔腾。潮峰高达 3～5 米，大有排山倒海之势。北宋文学家苏轼在《观浙江涛》中写道，"八月十八潮，壮观天下无"，这是历代描写钱塘江大潮壮观景象的代表性诗句。

潮汐现象是月亮与太阳对地球引力合成的结果，所以按理说应该在农历每月初一和十五日形成大潮，因为这时地球、太阳和月球差不多在一条直线上，太阳和月球引力相加。但为什么古人和现代人都在农历八月十八

图 1.27 钱塘江大潮

日观钱塘江大潮呢？根据水文记录，因为海潮有一定的滞后，所以钱塘潮在农历的每月初一到初五、十五到二十都可以看到，一年中有 120 多天可以观潮。现代潮水水文记录的统计数据表明，农历八月十八前后的日子里潮水相对较大，但也不是每年都一样大。这里的原因有很多，一方面海潮主要与天文因素有关，另一方面海潮也与地形、滩涂、洋流、风向、汛期（春汛、秋汛）等其他因素有关，这些因素的叠加结果使得海潮不一定都在某个特定的日期最大，这需要看各个相关因素的具体情况。

谁最先给月球上的区域命名？

自古，月亮是地球上人类夜间可见的最明亮天体。古人对月亮上的景象给予了充分的想象，比如中国神话里描述的嫦娥奔月、吴刚伐桂、玉兔捣药等，都是脍炙人口的经典传说。后来人们发明了望远镜，看到月球上既没有宫阙楼阁，也没有活动的人或其他生命体，看到的月球上是大片深颜色和浅颜色的区域，还有很多勾勾叉叉，于是人们就开始给月球上的区域取名字。

最早给月球地理实体（比如月球上的亚平宁山脉、阿尔卑斯山脉等）命名的是最早拿着小望远镜观察月球的意大利天文学家伽利略，后人陆续给月球更多的地方取了名字。1651 年，意大利天文学家乔瓦尼·巴蒂斯塔·里乔利在前人的基础上绘制出一幅月球图（图 1.28），系统地对月球各地进行了命名，其规则是：

▼ 用描述天气或者其他抽象概念的拉丁文命名月球上深颜色的区域（那时认为是海洋），如静海、雨海、风暴洋。

▼ 用地球上的山脉命名月球上明亮的区域（那时认为是山脉），如勃朗峰。

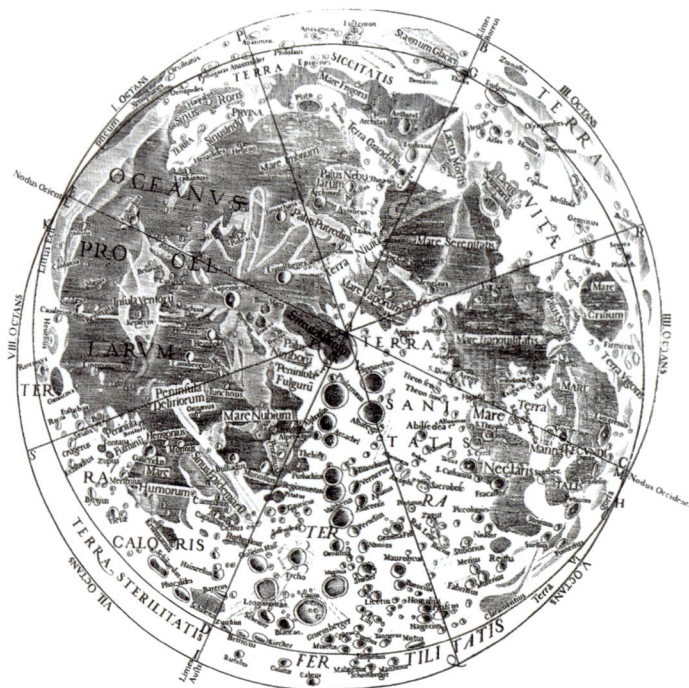

图 1.28　意大利天文学家乔瓦尼·巴蒂斯塔·里乔利于 1651 年绘制的月球图

▼ 用科学家的名字命名大量的撞击坑，如哥白尼撞击坑、开普勒撞击坑等。

自那以后，给月球命名的规则就沿用下来了。

中国人名何时登上月球？

为了对月球地理实体命名实行规范化管理，1922 年国际天文学联合会（IAU）成立国际月球地理实体命名委员会，并对以前月球地理实体命名进行了清理。1935 年发布了整理后的月球地理实体命名表，共有 641 个命名得到确认。这些命名实体主要是月球正面较大的地形单元，名字都来源于西方。

美、苏的探月活动识别出大量月球上的精细地理单元，随之而来的是大量的命名工作。本着国际主义精神和"谁发现谁命名谁提交，再经 IAU 审核"的原则，IAU 开始接受并审核来自世界各地的命名申请。月球上的名人堂开始出现一批中国人的名字，如祖冲之、石申、张衡、郭守敬、万户、高平子等。截至 2007 年，带有中国元素的名称都不是中国提交的。

▼ 1959 年，苏联发射了人类首个拍到月球背面照片的航空器——月球 3 号。1960 年，苏联天文学家编写《月球背面图集》里的新地名，第一次以中国古代科学家祖冲之的名字，命名了月球背面一个较小的撞击坑。1961 年，IAU 审核批准了《月球背面图集》中采用的，包括"祖冲之"在内的 18 个名称。至此第一位中国人名登上月球背面的地理单元。

▼ 1970 年，IAU 以中国古代科学家石申、张衡、郭守敬，以及传说中的世界飞天第一人万户的名字，命名了月球背面的 4 个撞击坑。

▼ 1982 年，中国近代天文学家高平子①的名字用来命名史密斯海南部边缘的一座撞击坑（位于正面赤道最东侧边缘）。

▼ 2006 年，根据 IAU 的命名规则，卫星坑依据附近的陨石坑来命名，因此月球背面出现 5 个中国元素的地形单元——祖冲之 W、石申 P、石申 Q、张衡 C 和万户 T。

---

① 高平子（1888～1970）：上海金山人，中国科学史事业的开拓者之一，于 1912 年在法国人办的上海佘山天文台求学进修，对太阳黑子、双星星团、彗星等进行过目视和照相观测，并进行过小行星群普遍摄动的计算工作。1926 年，参加首届国际无线电经度联测，为中国取得第一批近代经度值，这是中国天文学家参加国际天文联合观测的开端。自此，中国天文界开始了同行间的国际合作。

月球上真有广寒宫吗？

在每月一次的月圆之夜，微风拂面，月朗星稀，人们观看那挂在天上的如玉圆盘，似有隐约的楼阁仙境，树影婆娑。中国神话传说中说月亮上有个宫殿叫广寒宫，宫殿里住着嫦娥、吴刚、玉兔、青女等神仙。随着中国探月工程的不断实施，"嫦娥"系列 1 至 6 号月球探测器相继成功发射，月球上真的有了"广寒宫"和其他重要的中国元素命名！2007 年，嫦娥 1 号月球探测器成功发射，中国进入了月球自主命名阶段。

▼ 2010 年，根据中国首颗探月卫星嫦娥 1 号拍摄到的全月图，中国首次向国际天文学联合会（IAU）申请月球单元命名并获得批准，月球背面的 3 个撞击坑分别被命名为毕昇（中国四大发明中造纸术的发明者）、蔡伦（中国四大发明中印刷术的发明者）和张钰哲 [1]。

▼ 2015 年 10 月，嫦娥 3 号月球探测器着陆点及周边区域经 IAU 批准被命名为"广寒宫"，附近的 3 个撞击坑分别被命名为"紫微""天市""太微"。"紫微""天市""太微"是中国古代天文星图中"三垣"的名字。

▼ 2019 年，嫦娥 4 号月球探测器着陆在月球背面的冯·卡门撞击坑内。IAU 正式批准了着陆点及其附近 5 个月球地理实体的命名，其中嫦娥 4 号着陆点命名为天河基地。这是月球上第二个被批准以"基地"命名的与人类探月重大进展有关的特殊地名，另一个是阿波罗 11 号完成首次人类登月的"静海基地"。

---

[1] 张钰哲（1902～1986）：中国现代天文学奠基人之一，曾任紫金山天文台台长，首次提出用哈雷彗星回归的记录来确定"武王伐纣"的年份。1928 年他发现了一颗小行星并将其命名为"中华"，以纪念这颗首次由中国人发现的小行星。

▼ 2020 年 12 月 1 日，嫦娥 5 号月球探测器成功在月球正面的吕姆克山脉着陆，并携带月球样品着陆地球。2021 年 5 月 24 日，IAU 批准中国提议在嫦娥 5 号降落地点附近的 8 个月球地貌的命名申请。这 8 个地貌分别为：天船基地（Statio Tianchuan），表示在银河中航行的船舶；华山（Mons Hua），以中国西岳华山命名；衡山（Mons Heng），以中国南岳衡山命名；裴秀（Pei Xiu），以中国西晋时期地理学家命名；沈括（Shen Kuo），以中国宋代天文学家、数学家命名；刘徽（Liu Hui），以中国三国时期数学家命名；宋应星（Song Yingxing），以中国明末科学家命名；徐光启（Xu Guangqi），以中国明代农艺师、天文学家、数学家命名。

"月陆" 为什么颜色浅？

月球上的地形，最大的区域就是月陆与月海。月陆确实是陆地，但月海却不是海洋。即使到了今天，人们已经登月，看到了月球上不论是月陆还是月海里都没有一滴水，但名字还是照样沿用。在月球表面，那些高出月海的浅色区域称为月陆。月陆主要由浅色的斜长岩组成，因反照率（一种用来表示天体反射太阳光本领的物理量）较高，故看起来比月海亮得多。

在月球正面，月陆的面积大致与月海相等，但在月球背面，月陆的面积要比月海大得多。月陆地区有大量的山脉，主要分布在月海的边缘，最大的山脉是长 6400 千米的亚平宁山脉，最高的山是高达 6100 米的莱布尼茨山（位于月球南极附近）。月球上的山脉大多数以地球上山脉的名字命名，如亚平宁山脉、高加索山脉、阿尔卑斯山脉等。

"月海"为什么颜色深?

我们用肉眼观察月球时能看到月球表面有些黑暗的斑块,这些大面积的阴暗区被称为"月海"。之所以称之为"海",是因为早期的观察者发现月面有些区域颜色较暗。他们按照其对地球的认识,猜测该地区是海洋。在目视和小望远镜观星的时代,人们还不能分辨月球上那些深颜色区域里是不是有水,就取了某某海的名字,后人就一直沿用下来。

现在我们知道,月海实际上是月面上比较低洼的平原。月海的地势一般较低,类似地球上的盆地,一般月海比月球平均水准面低 1～2 千米,而雨海这一代表性月海的东南部甚至比周围低 6000 米。月海的表层覆盖着类似地球上玄武岩那样的岩石,即月海玄武岩。这种岩石的反照率比较低,因而看起来较黑。

月海是月球表面的主要地理单元,约占月面总面积的 25%。迄今已命名的月海有 22 个,绝大多数月海分布在月球的正面,月球背面只有东海、莫斯科海和智海 3 个,而且面积很小。月海中最大的是风暴洋,面积约 500 万平方千米,月面中央的静海面积约 26 万平方千米。较大的还有冷海、澄海、丰富海、危海、云海等。这些名字是古代天文学家定的。除"海"以外,月球上还有"月湖""月湾""月沼"。其中"月湾"和"月沼"是月海伸向陆地的部分,都分布在月球正面。

月球上一昼夜有多长？

月球上的昼夜与地球上的昼夜一样，是相对太阳的，即午夜到下一个午夜的周期（或正午到下一个正午的周期），这是一个很重要的概念。近年来探月项目不断发展，人类放在月球上的很多探测器、巡视器等设备都需要有月昼和月夜的工作保护。下一步载人登月的计划已经在实施过程中，如果人类在月球生活，掌握月球昼夜的周期将更加重要。

图 1.29 中位置 1 是月球上的午夜，位置 2 是月球上的早晨（日出），位置 3 是月球上的正午（日中），位置 4 是月球上的傍晚（日落），月球从

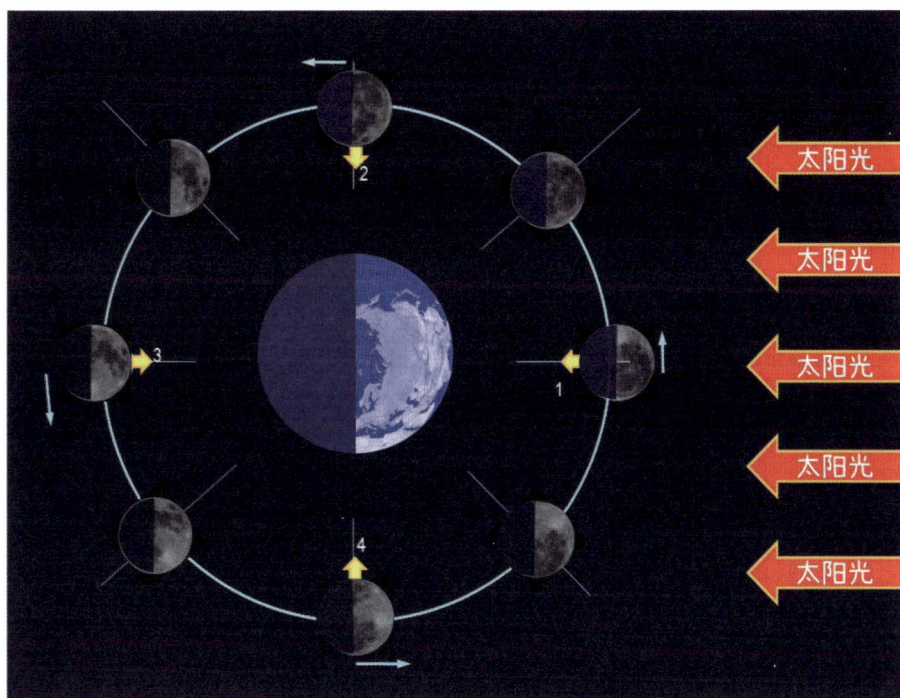

图 1.29 月球上的昼夜

位置 1 到位置 4 然后再回到位置 1 就完成了一次昼夜交替，时间周期与地球上看到的月相周期一样，也是 29.5 天。因此我们可以近似地说月球上从日出到日落的白昼时间是大约 15 个地球日，从日落到下一个日出的夜晚时间也是大约 15 个地球日。

月球上的温度变化有多大？

在月球围绕地球公转的过程中，月球被太阳照亮的部分不断变化。月球上没有空气、水、植被等储蓄和调节热量的物质，所以白昼太阳一晒温度就上升很快，在正午温度高达 100℃以上；夜晚太阳落下后温度下降得也很快，在午夜温度低至 −170℃左右。这个温度的变化过程是在一个月球昼夜期间完成的，而在其昼夜交替的时间段（早晨和傍晚）里则温度比较适中（0℃左右），适合人类在月球上活动。

月球与地球类似，因太阳照射到球面的角度不同，温度也有沿纬度分布的差别。我们以月球正面（一直对着地球的那一面）中心附近区域举例（图 1.30）：

▼ 月球正面的正午，是我们看到满月的期间，月球中心附近直对太阳的时段，也是那部分区域白昼温度最高的时段。

▼ 月球正面的午夜，是我们看到朔月的期间，月球中心附近背对太阳的时段，也是月球那部分区域夜晚温度最低的时段。

▼ 月球正面的早晨，是我们看到上弦月的期间，月球中心附近与太阳成直角的时段，此时月面上夜与昼交替，温度适中。

▼ 月球正面的傍晚，是我们看到下弦月的时候，月球中心附近与太阳成直角，此时月面上昼与夜交替，温度适中。

如果人类想在月球正面活动，应该选择月球上的早晨或傍晚温度比较

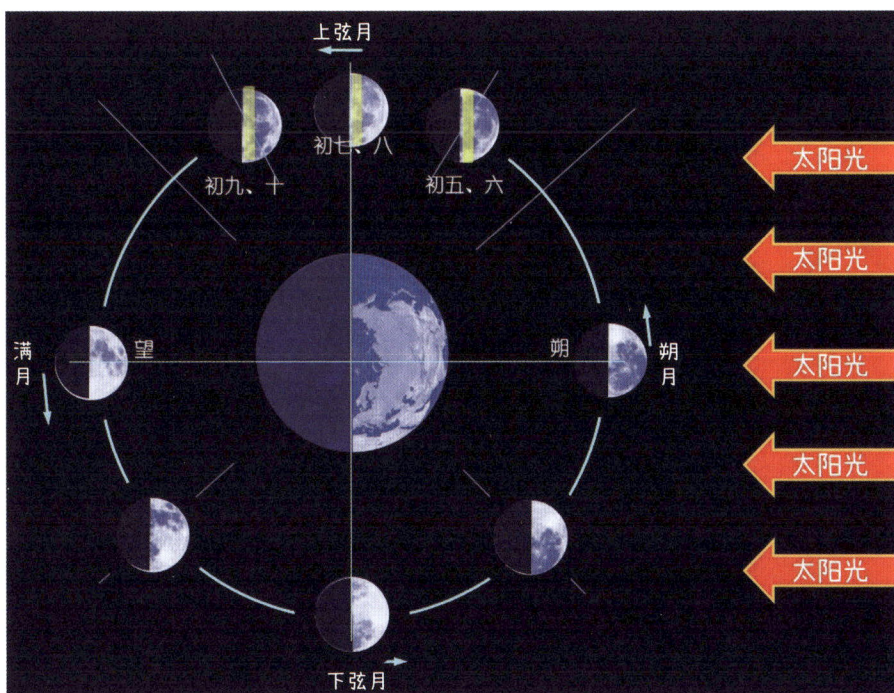

图 1.30　月球上的温度变化

适中的这段时间。当然在月球的早晨更好，即图 1.30 中的黄色区域，对应农历约在初五到初十。

　　美国"阿波罗"号系列飞船历次登月的时间从公历上看没有什么规律，但是心细的人一定会注意到，"阿波罗"号飞船登月的时间大多在农历初六至初十之间。这并不是偶然，都是科学家精挑细选的日子。1969 ~ 1972 年，6 次载人登月的地点都是在月球正面，且着陆点的时间是白昼（但不是正午）时段。农历是按照月相变化规律制定的，农历初六至初十之间，正好可以选择月球正面昼夜交替区域（图 1.30 中的黄色区域）里的白昼且温度不是最高的最佳地点和时间段，在此区域还可以停留几天进行探测和研究。"阿波罗"号飞船登月的最长停留时间为 74 小时 59 分，这是阿波罗 17 号宇航员创造的人类在月球上停留时间最长的纪录。

月亮上看地球会是什么样？

从月球上能看到地球冉冉升起吗？许多人想要到月球上看看硕大的地球在月空中冉冉升起的画面。图 1.31 这张题名为《地出》的照片，实现了无数观者的愿望。然而这张照片不是站在月球上拍的，而是阿波罗 8 号宇航员 W. 安德斯在绕月轨道上拍摄的，也就是说他是在航天器上一边向前飞行，一边看到地球冉冉升起的。

如果你站到月球上，你确实会看到一轮硕大的地球，月球上看到的地球比在地球上看到的月球要大很多。但是在月球上某处看到的地球在空中是没有位置变化的，也就是地球挂在月空上的位置是不动的，但月空中的地球有自转和相位的变化（图 1.32）。

图 1.31　阿波罗 8 号宇航员 W. 安德斯在绕月轨道上拍摄的《地出》

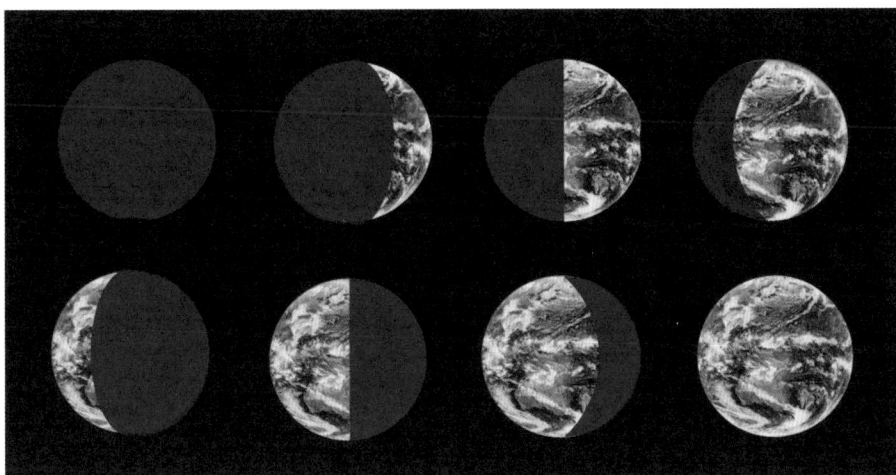

图 1.32 月球看地球有相位变化

月球上看地球有多大？可以用几何方法估计。已知地球的直径约12800 千米，月球直径约 3470 千米，地球直径与月球直径比约为 4：1。故在月球上看地球，直径大约是在地球上看月球直径的 4 倍左右（见图1.33）。

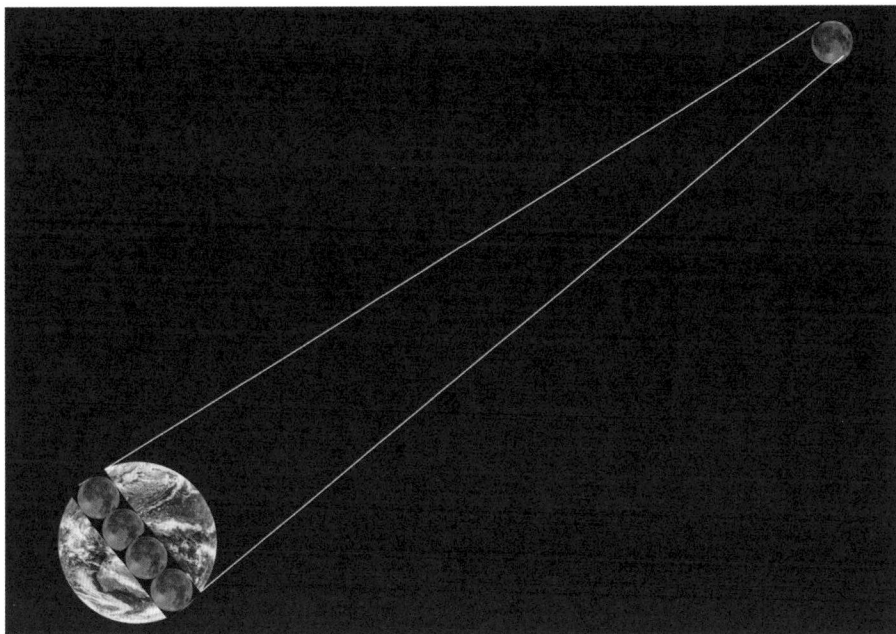

图 1.33 月球上看地球的大小

月亮上能看到太阳系"全家福"吗？

1. 观测太阳

月球的自转方向与地球一样，也是自西向东，所以你如果到月球上也可以看到太阳的东升西落，只不过在月球上太阳从东边升起到西边落下的时间要持续约 15 个地球日，然后再过约 15 个地球日的夜晚，才会迎来月球第二天的日出。

地球到太阳的平均距离是 1.5 亿千米，地球到月亮的平均距离是 38.4 万千米，可见地球到太阳的距离与月球到太阳的距离差不多。所以在月球上看太阳和在地球上看太阳差不多大，但地球直径比月球直径大约 4 倍，所以在月球上看到的地球要比看到的太阳大。

由于月亮没有大气对太阳光的折射、散射等作用，所以在月球上看到的太阳，日出日落时不泛红，亮度要比地球上看到的太阳更亮。

2. 观测太阳系"全家福"

地球上因大气层对太阳光的散射作用，太阳光弥漫到整个天球，白天天空呈现蔚蓝色，因此所有的星光都在白天被淹没。而月球表面不存在大气，也不会对太阳光进行散射。因此，白天在月球上看太阳虽然很亮但其影响的天区十分有限，除太阳附近外，其它天区还是黑的，白天也能看见满天星斗。这对观测那些长期在恒星背景中移动的行星非常有利。

在地球上我们无法观测在白天出现的行星，而在月球上就可以做到昼夜连续观测。在月球上，我们还可以看到肉眼可见的明亮天体（太阳、水星、金星、地球、火星、木星、土星等）全都在天空中的罕见天象。特别是水星，在地球上因为离太阳很近很难观测，但在月球上却可以非常清楚地看到水星在太阳附近摆来摆去（其实是绕来绕去）的踪迹。使用望远镜还可以看见太阳系的全家福：太阳、水星、金星、地球、火星、木星、土星、天王星、海王星、某些矮行星、小行星、卫星、彗星以及黄道带上的其他太阳系天体。

月球上可以建天文台吗，月球观星有哪些优缺点？

月球上不仅能看见太阳系的天体，也能看见遥远的恒星，同样由于白昼和夜晚都可以看见星星，观测可以昼夜连续进行，能大大提高观测效率。

月球相对恒星的自转周期是 27.3 个地球日，所以在月球上看到天空中恒星东升西落的周期也是 27.3 个地球日，这样在月球上连续观测一个特定恒星的时间可以持续十几个地球日，这对观测那些长周期变化的天体（例如变星，即亮度起伏变化的恒星）特别有利，对那些遥远暗弱的天体可以通过长时间曝光得到更多的信息。

月球没有大气也没有光污染，因此我们能看到最真实的天体。在月球上除了与地球上一样能接收到光学波段和射电波段的宇宙辐射以外，还可以接收到在地球上被大气阻碍的宇宙辐射波段，例如紫外线、X 射线、γ 射线等宇宙全波段的辐射。

月球没有大气，因此不存在大气对某些电磁波谱段的吸收，月球上的天文台可以实现全波段观测，这使天文学家能够获得更清晰的视野和更全面的宇宙信息。

月球是一个巨大的天然稳定平台，足够人类建立庞大的月基天线阵和地月联网天线阵列。

月球引力场微弱，减轻了仪器结构强度和制造困难，而且在月球上对仪器的操作和控制也更容易。

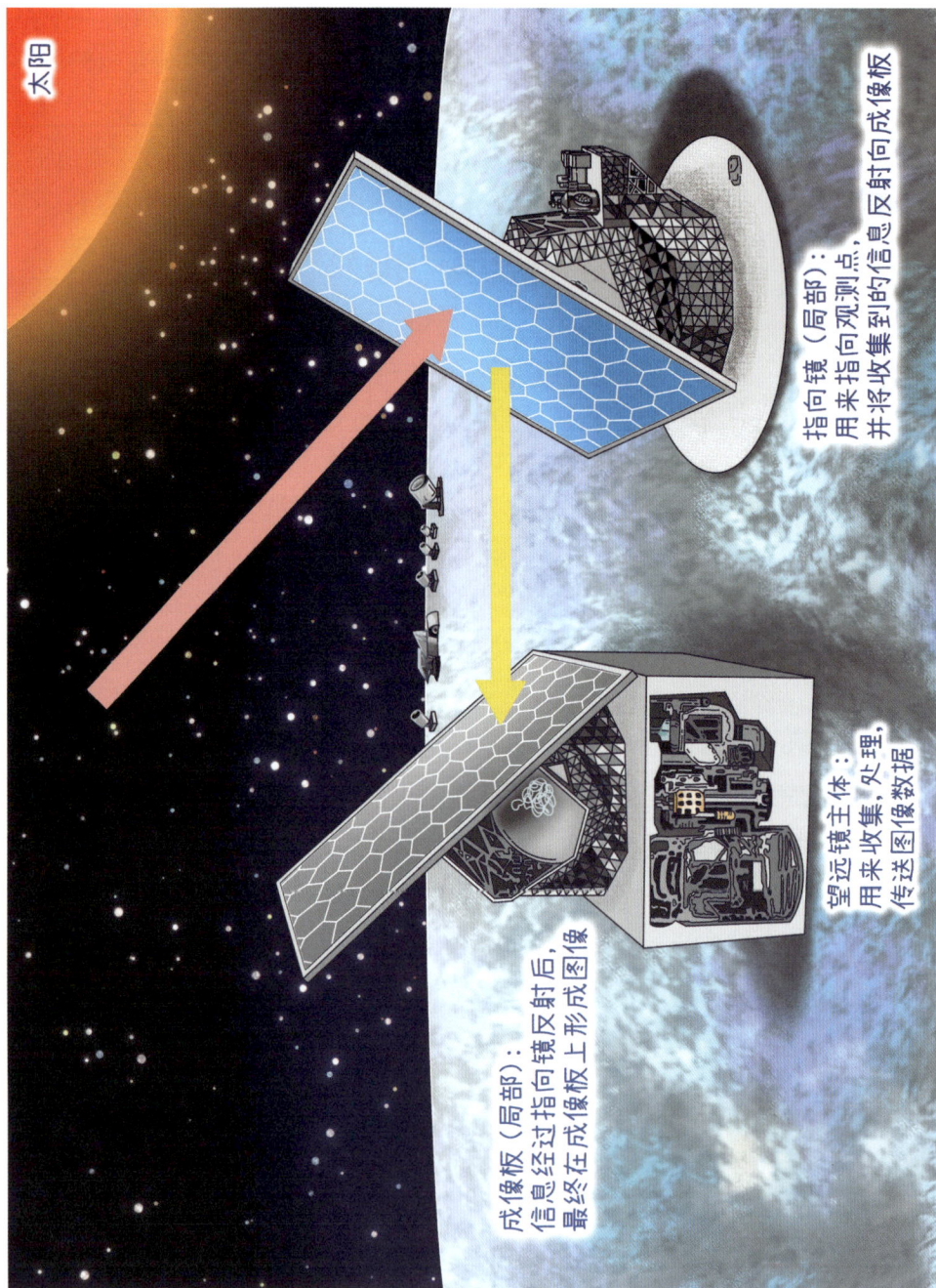

太阳

指向镜（局部）：
用来指向观测点，
并将收集到的信息反射向成像板

望远镜主体：
用来收集、处理，
传送图像数据

成像板（局部）：
信息经过指向镜反射后，
最终在成像板上形成图像

图 1.34　月球天文台示意图

　　月球两极附近的某些环形山底部似乎总是阴暗的。据认为这些地区的温度较为恒定，适合大多天文测量仪器对低温环境的要求。

　　天文学家分析认为，月球上天文台的分辨率将可能超过当前地面光学仪器的数万倍，甚至更高。月球天文台还将打开一扇可探测极低射电频率的宇宙新窗口，甚至可能通过引力波和难以捉摸的中性粒子——中微子的研究，开辟出天文学的一些新分支。

　　当然月球上没有大气也不都是优点，比如小行星对月球的撞击就比对地球严重，所以月球上的望远镜需要很好的保护才能安全工作；月球表面温差很大，天文仪器在高温时段和低温时段都需要保护；等等。此外，还有很多未知的困难等待我们去克服。

第 二 章

诗人的星空

人类几千年来在观察星空的过程中不断地总结着星空中天体的分布和运动规律，探索着规律的运行机制，进而运用规律指导生活实践。我们现在所知道的地球的形状、自转、公转、自转轴倾斜，以及自转轴进动等，无一不是通过归纳、总结在地球上观察到的天象，然后推演出来的规律和本质。

古人通过肉眼观察现象，继而制作工具进行简单测量，得到一些数据，再从数据的归纳总结中发现规律，从而用规律指导人们的生活和生产，并传承后代。后人继续探究，试图提出一些假说或模型，制作更先进的工具进行实验、验证，最终希望探究宇宙本真的形态和各天体之间的运动和关联。

虽然我们今天所认识的宇宙以及掌握的数据和理论比古人有了长足的进步，但认识宇宙的思维方法是一致的。我们仍需要通过观察来深入理解宇宙，并试图正确理解和解释宇宙的运行机制。尽管如今越来越多的人失去了肉眼观星的机会，但我们依然可以借助科技手段"追星"。

本章我们先解释有关天体与天体运动的基本概念，回顾古今中外星座和星宿的故事；然后认识恒星的名字和星图，讲述四季星空的流转；最后介绍观星的技巧与工具。

什么是天球？

如果你走出热闹的城市，来到灯光稀少的远郊，当夜幕降临之时，你会发现无数颗闪闪发光的星星，犹如一颗颗晶莹剔透的宝石镶嵌在一个巨大的穹幕上。这个自然的、巨大的、看不到边际的穹幕，我们称之为天球。

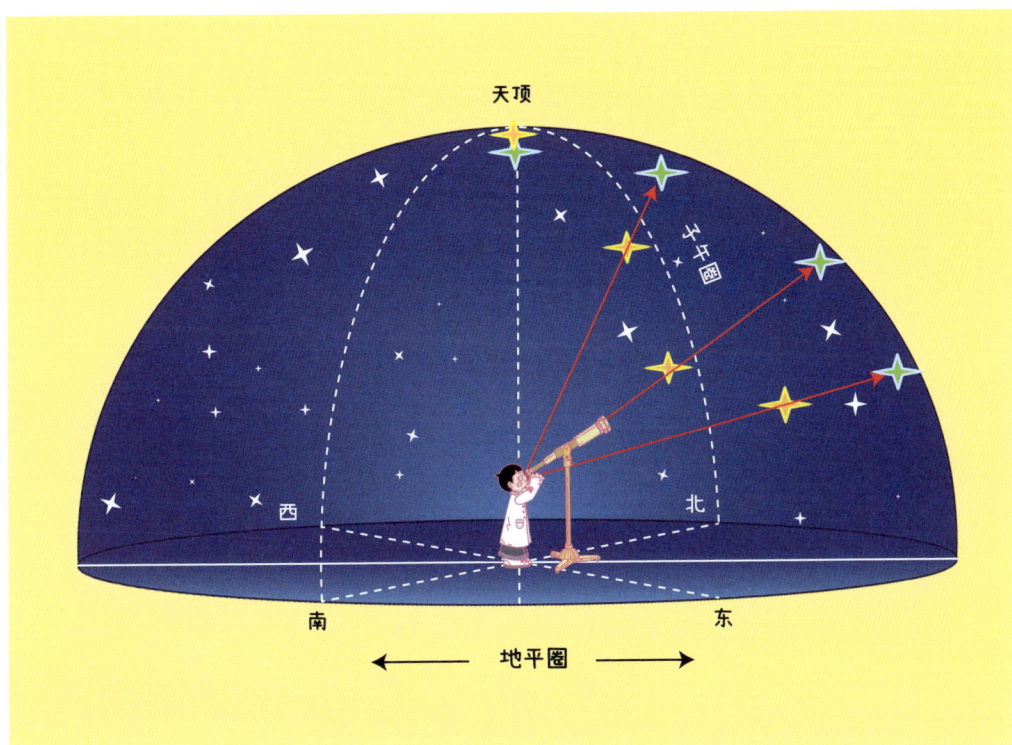

图 2.1　假想天球

天球是一个假想的球（图 2.1），它是以观测者（或地球）为中心，以无穷远为半径的球，所有天体都存在于这个立体的天球中。当我们用肉眼和望远镜观察天球的时候无法看出我们与星星之间的真实距离，就好像这些星星都投影在这个巨大的球面上。我们只能度量星星之间的角距离（或者说方向）。

怎样观察天球的旋转？

如果你在夜晚的星空下持续地观察，或者你在同一个晚上的同一个位置，每隔一段时间朝同一个方向观察一下天空，你就会发现天空整体在旋转，就好像天球携带着镶嵌在其上的星星一起在旋转。既然说旋转，那就是有中心的，天球旋转的中心就是北极点。在北半球，人们很幸运地发现北极点附近有一颗肉眼可见的亮星，我们称之为"北极星"（图 2.2）。

远古时人们就已发现天球的旋转和天球的中心——北极点。古人还找了离北极点很近的亮星作为"北极星"，帮助人们肉眼观星时辨认出北极。因为真正的北极点不一定有合适的亮星，在肉眼观星的时代，用离真实北极很近（一般在 1°左右）的亮星作为指示北极的极星是很明智的选择。我们现在使用的"北极星"是小熊座 α（中文星名叫勾陈一），距离真实北极约 0.5°。

现代人有更先进的办法证明天球在旋转以及天球中心的存在，那就是对着北极星方向拍照。在长时间（10 分钟以上）曝光的情况下，你就会明显地看出星空的旋转轨迹，我们称之为星迹或星轨图（如图 2.3）。图中那一条条短的亮线，就是星星在旋转中划出的痕迹，旋转的中心点就是北极点。你可能注意到中心点并不是亮点，也就是旋转中心并没有亮星，而最接近中心点（北极点）的亮星就是我们常说的北极星——小熊座 α。

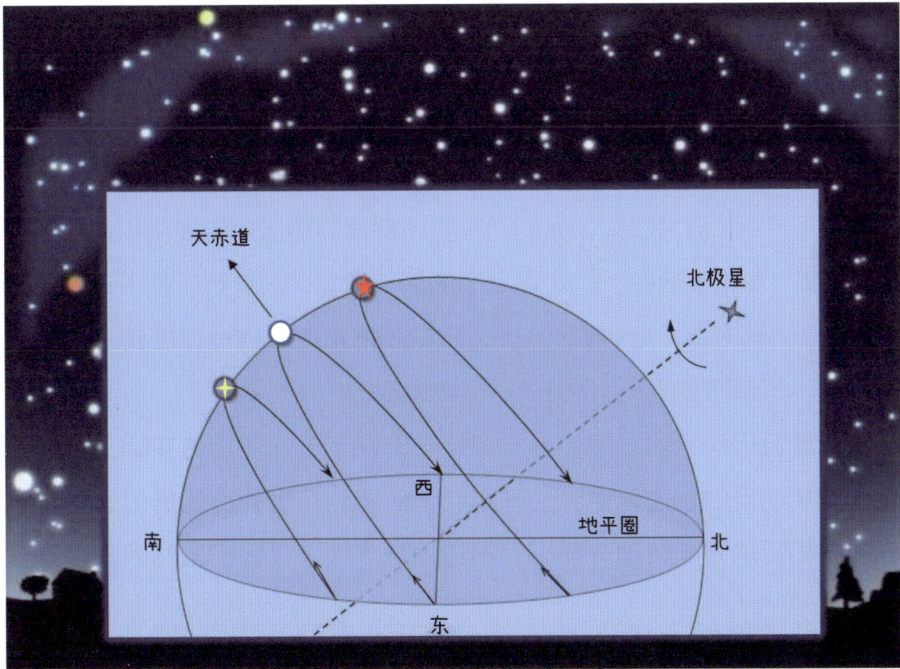

图 2.2 天球旋转的中心

图 2.3 以北极点为中心的恒星旋转轨迹

什么是"周日视运动"？

自古以来，人们对天空中群星旋转运动的现象和规律都观察得很清楚，但对其本质的探究和争论却持续了几千年。比如西方有"地心说"，认为所有天体都在围绕地球旋转；中国有"浑天说"，也认为天在围绕地旋转。

随着近代科学的发展，科学家终于明白了天球的旋转实际上是地球反向旋转的反映。这就像我们开车转弯时看到车窗外面的房子、树木等都在向相反的方向转动一样。只不过地球太大了，我们虽然跟随地球在

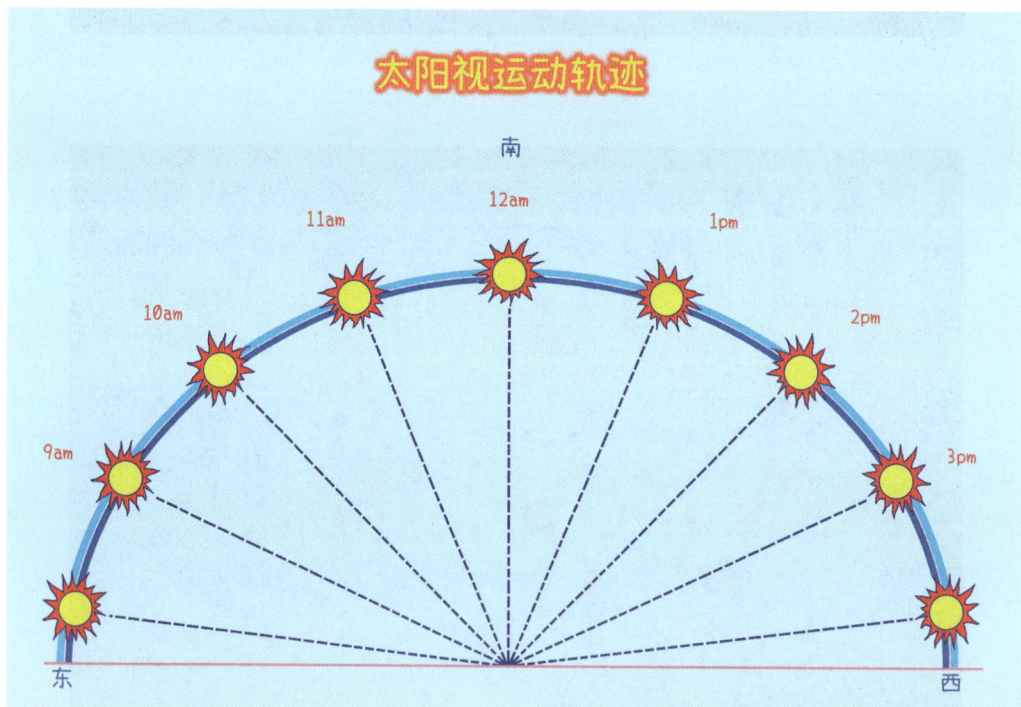

图 2.4　周日视运动：白天太阳的东升西落

自转，但自己却感觉不到。我们只能看到天球上天体的反向转动（白天的太阳和夜晚的星星每时每刻都在东升西落）。这其实不是天球带着日月星辰在运动，而是我们跟着地球自西向东在转动。我们将这种看起来天球整体自东向西的运动称为"视运动"，将造成地球昼夜交替的、反映地球自转的、周期为一昼夜（或一日）的运动称为"周日视运动"。

星空的周日视运动表现为日月星辰的东升西落，包括白天的太阳和夜晚星空里的星星、月亮等（如图 2.4、图 2.5）。

图 2.5　周日视运动：夜晚恒星、月亮、星座等天体的东升西落

如何证实地球的自转？

"地心说"早在古希腊时代就被提出，后来又经过很多古希腊学者的不断发展与完善，因其能够解释大多数的天文观测现象，故在古代西方长期处于统治的地位。到了近代，"地心说"才逐渐被波兰天文学家 N. 哥白尼提出的"日心说"所取代。无论是"地心说"还是"日心说"，都是一些理论推演模型，只是"日心说"更能与观测事实相符而已。其实在"日心说"提出后的几百年里，不相信"日心说"的人很多。要想让人们心服口服地相信地球在转动，最好的办法是能让人们亲眼看到地球在转动。对于生活在几百年前的人而言，要想不飞出地球而又能够亲眼看到地球在转动，这无异于天方夜谭，也是那个时代摆在科学家面前的一大难题。为了证明地球在转动，科学家们尝试了各种办法，例如有人从高塔上抛下重物，或者把物体抛入深井中，或者把炮弹垂直发射到空中，试图找出这些物体在运动中的轨迹是否有细小的偏差，但是所有这些想要证明地球自转的努力都失败了。直到1851年，法国物理学家 J.-B.-L. 傅科做了一个单摆实验，提供了地球自转的可信证明。

1. 法国先贤祠大厅里的傅科摆实验

傅科在法国先贤祠大厅里的穹顶上悬挂了一条 220 英尺（约 67 米）长的细钢丝，钢丝的下面挂着一个重 62 磅（约 28 千克）的铅锤，铅锤的下方是一个巨大的沙盘。实验伊始，傅科用烛火将固定铅锤的绳子烧断，铅锤开始在大厅中缓缓摆动起来，每摆一次铅锤底部的锥尖都会在沙盘上画出一条线，也就是铅锤运动的轨迹。

按照人们通常的想象，这个巨大的铅锤在摆动期间应该在沙盘上画

图 2.6 法国先贤祠大厅里的傅科摆实验模型

出一条不变的轨迹（就是直线痕迹）。然而人们惊奇地发现，铅锤每摆动一次，它就在沙盘上画出一条与之前不同的轨迹，且轨迹慢慢而均匀地偏转。当时现场观看这场实验的人不禁惊呼："地球真的是在转动啊！"

2. 傅科摆实验的原理

　　傅科的摆动实验为什么能够令人信服地证实地球的自转呢？因为傅科应用了物理学的原理做了一个摆线长达 67 米的巨大单摆！之所以把摆线设计得如此长，就是为了能够让摆维持较长时间的摆动。单摆的摆动时间与摆长有关，摆长越长，摆动的时间也就越长。有了足够的摆动时间，我们便可以看出实验中摆的轨迹的偏转了。在物理学上，悬挂的单摆在不受外力条件下始终只会在一个平面内来回摆动，也就是说摆的初始摆动方向不会变。如果地球不自转，那么摆动平面应该不变，也就是摆针在沙盘上划的线应该是同一条直线。然而摆针画的线事实上存在偏转。既然理论上摆动平面不会偏转，那么造成摆针画线偏转的就只能是地球的自转了。这就证明了沙盘连接的地面以及与地面连接的整个地球在转动。

图 2.7　北京天文馆大厅的傅科摆

傅科摆偏移转动的方向与地球自转的方向是相反的，它在北半球会顺时针转动，在南半球则会逆时针转动。傅科摆转动一周所需的时间和傅科摆所处的纬度有直接的关系，例如在南、北极点，傅科摆摆动平面偏转一周所需要的时间刚好是 24 小时，也就是地球自转一周的时间（图2.8）。

傅科做的摆虽然是一个简单的装置，但是却表现出科学家超凡的智慧和对自然现象的深刻理解，特别是傅科出色地运用了当时最新的物理概念——单摆定律，揭示了千百年来的未解之谜。这是物理学和天文学上的

一大成功之举。因此，傅科设计的摆被称为"傅科摆"，他用来证明地球
自转的这一实验被评选为史上最美十大物理实验之一。

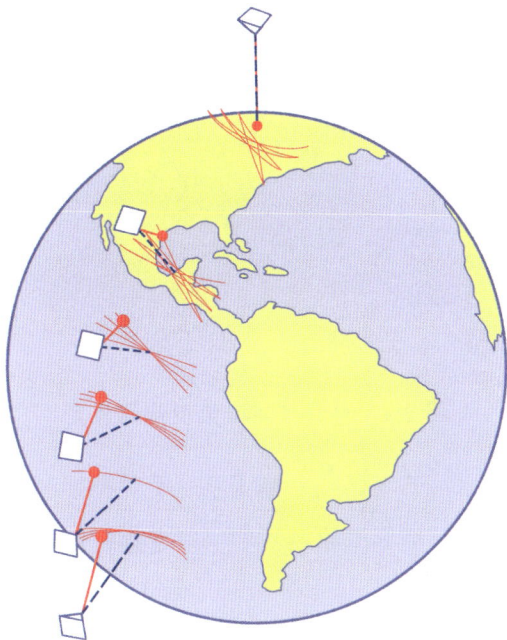

图 2.8 傅科摆在地球不同纬度上偏转示意图

3. 傅科摆实验的技术要求和创新思维

有人说，傅科摆是悬吊在大厅里的，大厅和房子也都与地连接，为什
么说摆不跟随地球转动呢？首先，摆线要细而结实，理论上质量可以忽略
不计、长度不能伸缩；其次，摆锤要重（有足够能量），以维持较长的摆
动时间；第三，也是最重要的，摆线悬挂点几乎不受外力。傅科为此设计
了特别的悬挂装置——万向节。万向节的结构如图 2.9，组成万向节的上
下两个钩子用滚珠连接（类似现代汽车车轴里用的滚珠轴承），这种连接
减少了上下钩之间的摩擦力，使得与下钩连接的摆线和摆锤在摆动时基本
不受力（几乎没有扭矩）。也就是说上钩连着房子和地，与地球一起转动，
但由于滚珠的摩擦极小，使得上钩转动的扭矩几乎不能传递到下钩，因此

与下钩连接的摆就会按物理定律始终维持在初始摆动方向上。

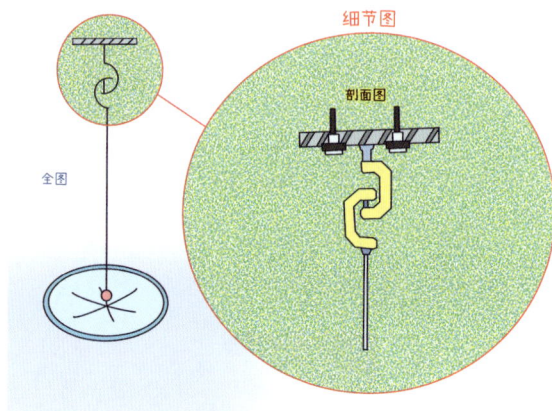

图 2.9　傅科摆实验模型悬挂装置

整套装置的技术细节考虑得非常周密，虽然在傅科摆的摆动过程中大地在一点点转动，但摆的方向维持不变，于是摆针划出的痕迹是变化而偏转的（见图 2.10）。

图 2.10　傅科摆线偏转模拟图

谁看见了地球公转？

地球自转可以通过傅科摆实验来证实，那么地球公转应该怎样证实呢？直到现在的宇航时代，我们也没有亲眼看见过地球围绕太阳公转的真实运动。地球公转的结论来自古今的观测事实和地球在宇宙中运动的模型，以及科学家对模型的检验。下面我们就通过观察星空来检验这个模型（图 2.11）。

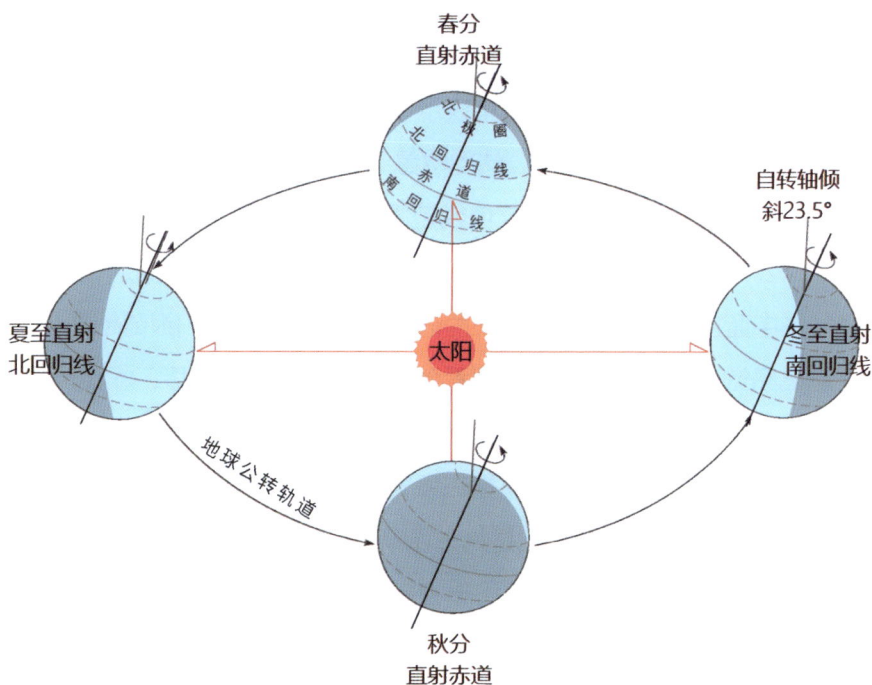

图 2.11　地球公转模型

通过持续多日的观星，我们发现恒星除了每时每刻的东升西落以外，还叠加了一个每天向西的微小移动，如果常年观察就会发现这种恒星每天向西的移动是稳定而均匀的（大约每天向西移动 1°），完成一周正好是一年。例如某恒星某年、某月、某日、某时出现在天空正南方，以后每天向西移动约 1°，到下一年的同一时间又会出现在天空正南方。这种恒星看起来一年一周的运动被称为"周年视运动"（图 2.12）。天上的星星是整体运动的，这也就意味着天球有这样一个每天向西的、一年一周的转动。对应地球自转的分析，我们自然就想到了，这应该不是天球在转动，而是地球相对于天球在转动。

地球相对于天球的转动不仅反映了地球与天球之间的关系，还反映了地球与太阳的关系。因为我们能否看见星星与太阳有关，在地球上只有在太阳照不到的夜晚才能看见星星。我们用图 2.13 表示地球 - 太阳 - 天球模型。

如图 2.13 所示，当地球公转在位置 1 时，我们天黑后，面朝南观察，看到一颗亮星（图中用黄色五角星表示）在视线（图中粉色线范围）左边（即东边）；过一段时间当地球公转到位置 2 时，我们天黑后，面朝南观察，会看到这颗亮星在视线（图中红色线范围）前方（即南边）；再过一段时间当地球公转到位置 3 时，我们天黑后，面朝南观察，会看到这颗亮星在视线（图中蓝色线范围）右方（即西边）。这就是说，我们跟随地球公转，虽然自己感觉不到地球的运动，但看到满天繁星每天的西移，就会反推出地球在天球中与太阳有相对运动，造成了我们夜晚看到的群星的位置每天都有变化。而这个变化表现为恒星在每天东升西落的轨道上叠加了一个每天向西大约 1°的移动（实际上是地球围绕太阳公转一年 365 天转 360°，大约每天转 1°），这就是恒星的周年视运动规律，也是几千年来科学家根据观察的事实总结出的地球公转的运动规律。

关于地球公转的分析，还有人类常年对太阳的观察以及太阳在恒星背景里移动的测量等，综合分析才得出了地球运动的模型以及地球仪的模型。这正说明了科学研究的过程以及观察、分析、归纳、总结、验证等科学方法的重要性。

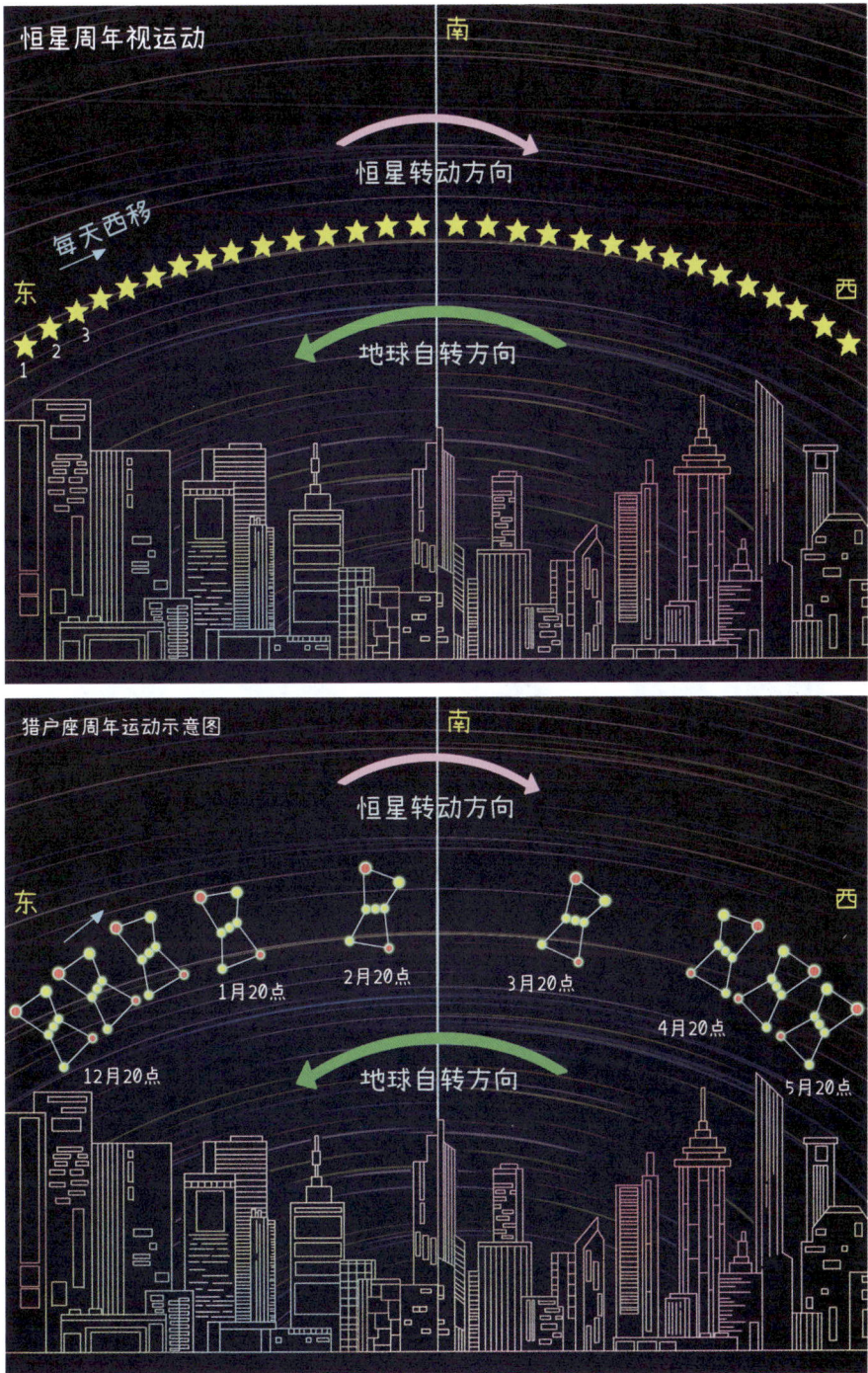

图 2.12 恒星的"周年视运动"示意图

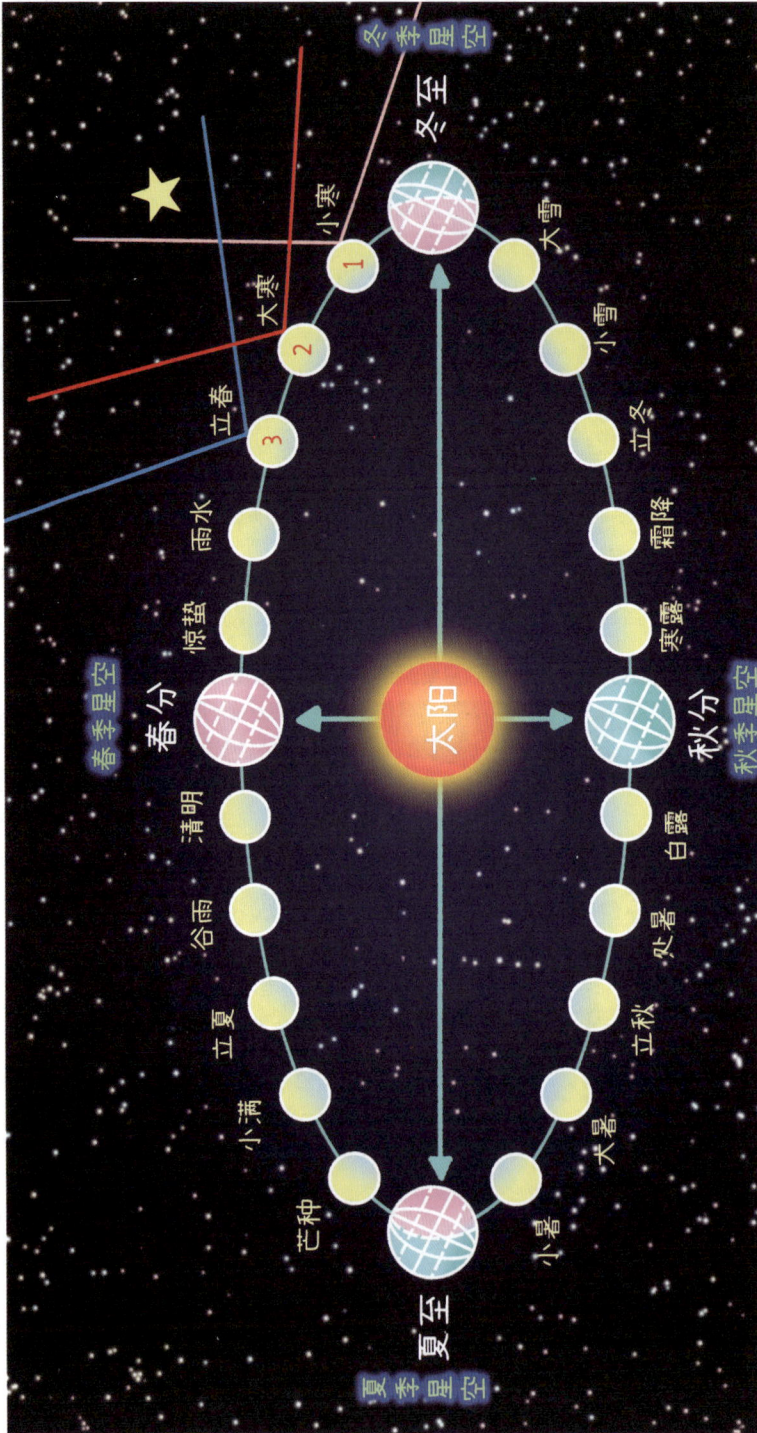

图 2.13 地球公转：四季星空变化示意图

什么是恒星的自行？

恒星是古人流传下来的称呼，"恒"是恒定、永恒的意思。古人认为恒星被固定在天球上，是永远不会变化的。我们现在所说的恒星，指天空中那些固定且遥远的发光点。说"遥远"是因为我们用目视或望远镜都不能测量我们与恒星之间的距离；说"固定"是因为自古以来它们互相之间的位置都没变，好像镶嵌在天球上一样。而天球的转动（例如东升西落）是整体的，也就是说恒星之间没有互相运动。

近代研究表明，恒星本身也是有运动的，而且运行速度极快，我们称之为"恒星的自行"。只是恒星相距地球都非常遥远（几光年到几亿光年[①]），其自行在短时间内是看不出来的，一般需要几万年甚至更多的时间才能看出变化。例如我们现在看到的星座形状，几万年前与几万年后会有变化，图 2.14 是按现在北斗七星各自自行的方向和速度计算得出的各年代形状变化示意图。

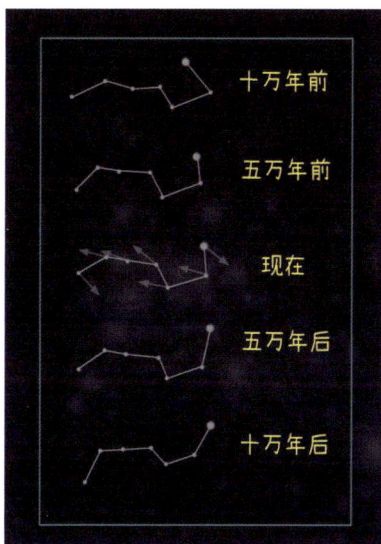

图 2.14　北斗七星各年代形状变化示意图

---

① 光年（light year，缩写 ly）：长度单位，常用于表示天文学距离。光年的严格定义是光在真空中传播一个儒略年（365.25 天）所经过的距离。因光速定义为 299,792,458 米／秒，所以光年的精确值为 $299{,}792{,}458 \times 365.25 \times 24 \times 60 \times 60 = 9{,}460{,}730{,}472{,}580{,}800$ 米。

天上除了恒星之外还有什么？

恒星是暗夜中映入我们眼帘最主要的天体，但天上的星星并不都是恒星，还有行星、彗星、流星等。

自古以来，人类用肉眼注意到的，在恒星背景里有规律移动的天体是太阳、月球、水星、金星、火星、木星和土星。这些天体跟随天球一起做东升西落的转动，但同时它们也在群星的背景里有规律地移动。也就是说，它们与群星之间有位置的变化（图 2.15）。

古人凭肉眼无法分清分布在天球中的众多天体的层次。经过几千年来科学家的研究，我们知道天球中的天体是立体分布的，而且是有层次的。比如离我们最近的天体是月球，月球与地球组成了地月系（行星系统），

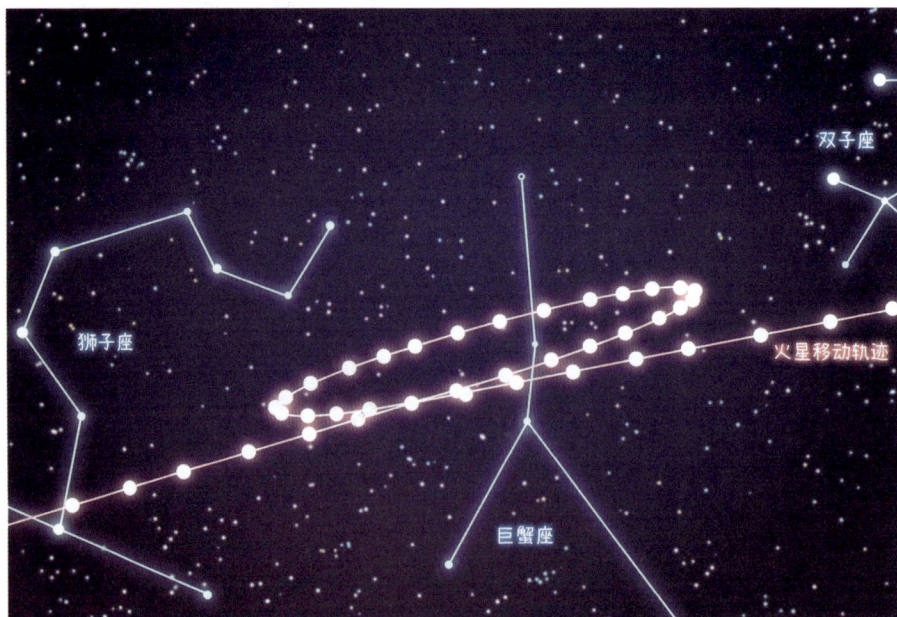

图 2.15　火星在恒星间的移动

地月系的上一级是太阳系（恒星系统），太阳系里有一颗恒星就是太阳，其他的行星、彗星、矮行星、小行星等都是太阳系内的天体，而我们的太阳系又是更大的恒星系统——银河系（图 2.16）里的一员。当然，银河系也不是天球的尽头，天外确实有天，银河系外还有更多的宇宙天体。

图 2.16　观测数据合成的银河系

什么是可观测星空？

　　我们都知道地球是不透明的，由于我们脚下的大地挡住了我们的视线，使我们任何时刻只能看到半个天球上的星星。那么我们可观测到的天球是不是只有半个呢？其实不然，当我们跟随地球自转时，星空也在随之变化（西边的星星落下去，同时东边的星星升起来），这样我们就能看到更多的星空。此外，我们在跟着地球自转的同时还跟着地球公转，转一个周期（一年）我们就会看到比一个晚上更多的星星。我们跟随地球一边自转，一边公转，转一圈下来是不是可以看到整个天球中的星星了呢？这可得分析一下。地球是球形的，我们站在地球上不同纬度可观测到的星空是不一样的。

▼ 当我们站在地球北极点上（图2.17），跟随地球自转，看到的星空是水平方向旋转的，因此在北极点我们只能看到赤道以北的半个天球上的星星；同理，当我们站在地球南极点上，跟随地球自转，也只能看到赤道以南的半个天球上的星星。

▼ 当我们站在地球赤道上（图2.18），跟随地球自转，看到的星空是竖直方向旋转的，因此在赤道上（只有在赤道上）我们可以看到天球上的全部可见星星。

▼ 当我们站在天极与赤道之间（图2.19），跟随地球自转，看到的星空是倾斜方向旋转的，因此我们可以看到大半个天球上的星空。

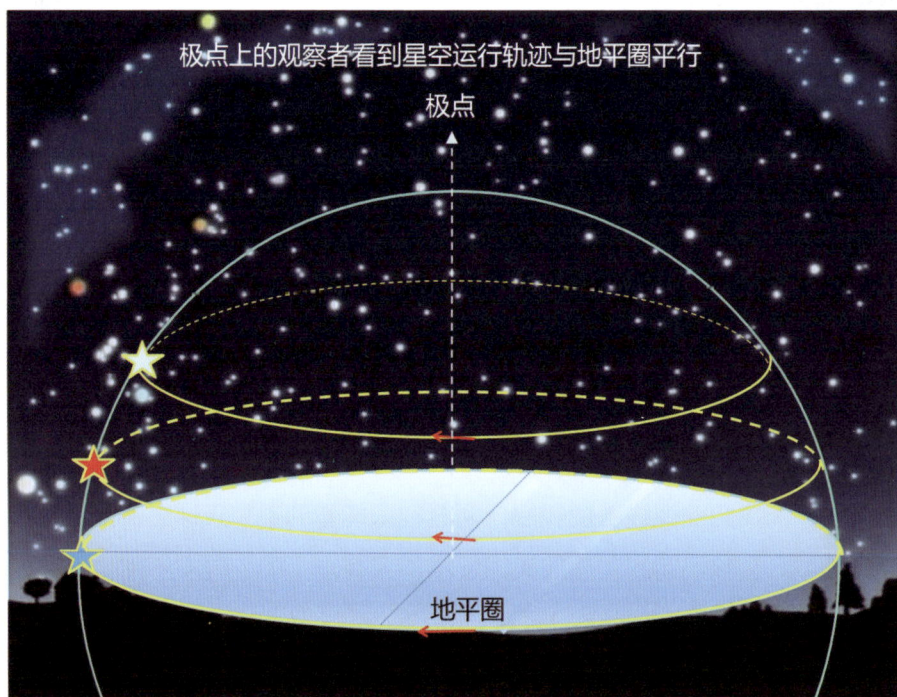

图 2.17　在地球极点上观测星空示意图

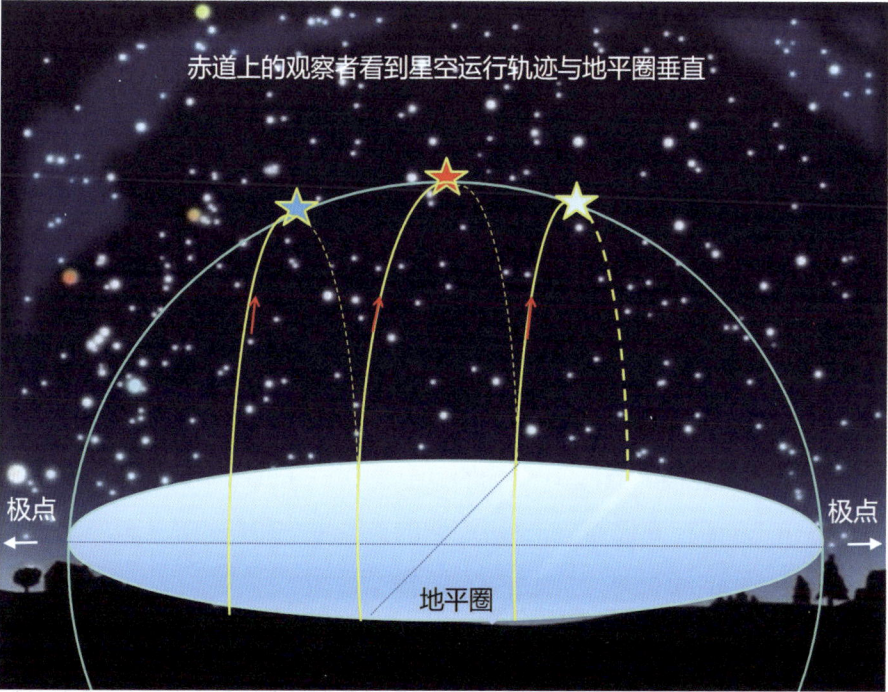

图 2.18　在地球赤道上观测星空示意图

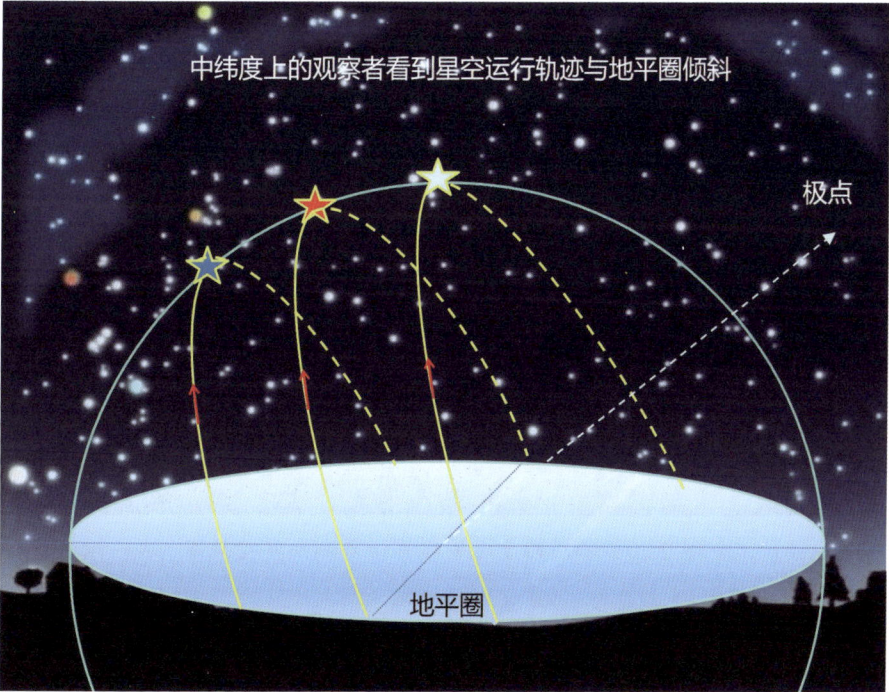

图 2.19　在天极与赤道之间观测星空示意图

所以，在地球上，同一纬度上的观察者所看到的星空是一样的，只是时间有先后而已。而处于同一经度上的观察者，在不同纬度上会看到不同的星空范围。

根据地理纬度（φ）的规定，赤道纬度为 0°、北极点纬度为 +90°、南极点纬度为 -90°，于是北半球某地的观察者跟随地球自转能观测的范围是 -（90°- φ）～ +90°（如图 2.20 中深蓝色区域所对应的星空范围）。当 φ=0（即在赤道上），可观测的范围是 -90°～ +90°（全部天球）；当 φ=+90°（即在北极点上），可观测的范围是 0°～ +90°（全部北半个天球）；当 φ=-90°（即在南极点上），可观测的范围是 -90°～ 0°（全部南半个天球）。

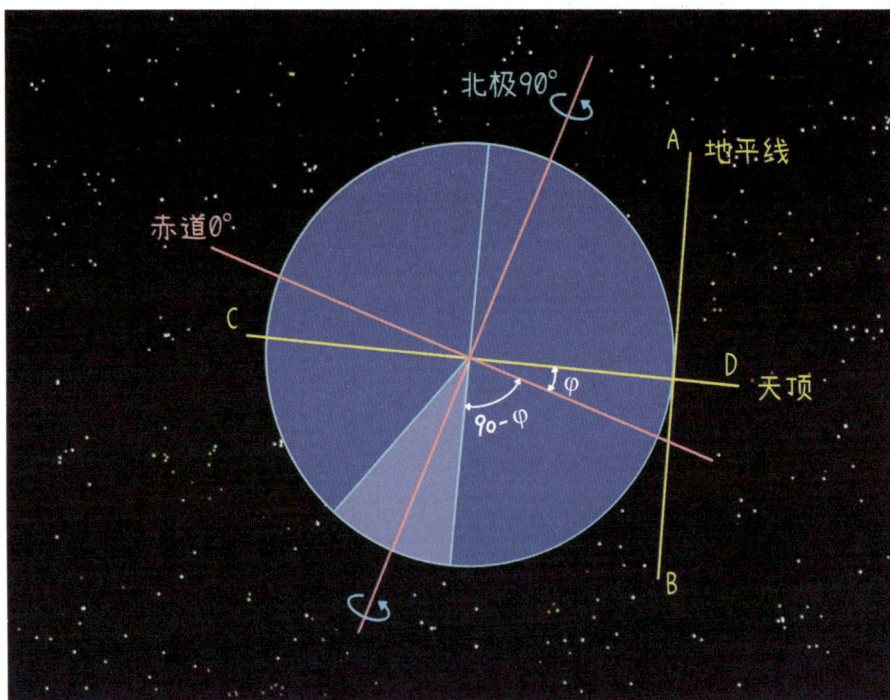

图 2.20　不同纬度上的观察者看到的星空范围

为什么星空需要坐标系？

既然星星看起来都镶嵌在天球上，且互相间没有位置的移动，那么为了给星星定位，就需要建立一个球面坐标系。科学家为了方便，定义了多种天球坐标系，例如时角坐标系、赤道坐标系、黄道坐标系等。赤道坐标系与地球仪上的地理坐标系最接近，所以这里只介绍赤道坐标系（图 2.21）。

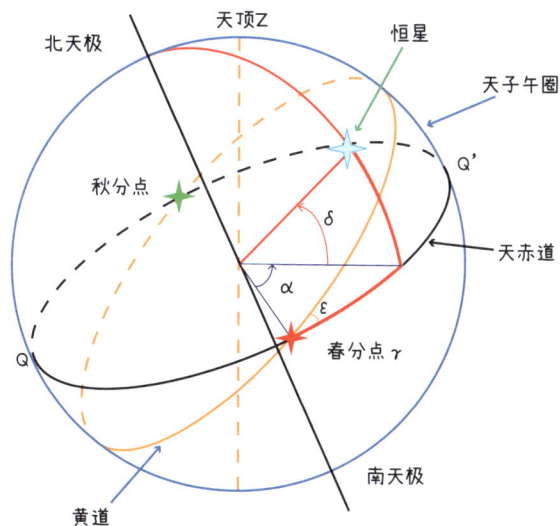

图 2.21　天球赤道坐标系示意图

我们需要先了解几个概念：

▼ 天极：地球的南、北极向天球延伸后在无穷远处与天球交会的两个假想点。地球北极与天球相交的点叫北天极，地球南极与天球相交的点叫南天极。

▼ 天轴：南北天极连接的直线。穿过地心，与地球自转轴重合。

▼ 天赤道：在天球上与天轴垂直的大圈，也是地球赤道延伸后与天

球相交的大圆。图 2.21 中的 QQ' 圈。

▼ 赤经圈：地理坐标的经度圈向天球延伸与天球相交的圈。赤经圈的起始点与地球上的经度圈起始点（格林尼治本初子午线[①]）不同。天球赤经圈的起始点为春分点[②]，度量方式是逆时针方向，从 0°~ 360°（或从 0 ~ 24 小时）。

▼ 赤纬圈：地理坐标的纬度圈向天球延伸，与天球相交的圈。与地球上的纬度圈类似，赤纬圈的起始点为天赤道（0°），向北为北纬（符号为正），向南为南纬（符号为负）。

▼ 赤经和赤纬：赤道坐标系能够给天球上的任何一点定位，其位置坐标是赤经值（α）和赤纬值（δ）。

有了坐标系，天球上任何天体（例如图 2.21 中蓝色恒星）乃至没有天体的任何位置，都可以用坐标值（赤经 α、赤纬 δ，图 2.21 中红色弧段对应的角度）唯一确定。这些坐标就是自古至今科学家标注天体、制作星图和星表的依据。

什么是星等？

古人在多年用肉眼数星星的过程中获得了很多心得，如给特定的星取名、给形状特别的一组星取名、用特定的星星出没规律指示季节，还有给星星分类等。

古希腊天文学家喜帕恰斯（Hipparchus）最早把天空中能看得见的星星按亮度分了类，称为星等。他把当时天上最亮的星定为 1 等星，其次为 2 等星、3 等星、4 等星、5 等星、6 等星，越亮星等值越小。

---

① 格林尼治本初子午线：指经过格林尼治天文台的经线，定义为 0° 经线，由此向东为东经，向西为西经。

② 春分点：太阳沿黄道从天赤道以南向北通过天赤道的那一点（即黄赤交角的升交点）。

太阳 →
满月 →
金星最亮时 →
天狼星 →
北极星 →
肉眼可见极限星等 →

5米地面望远镜观测极限星等 →
哈勃太空望远镜观测极限星等 →

图 2.22　各种天体星等比较示意图

　　后来天文学家又做了一些定量的测量，给出比较准确的规定：星等之间的亮度为每等级相差 2.5 倍，即 1 等星的亮度大约是 6 等星的 100 倍。现代天文学家又延伸了星等的概念，比如亮于 1 等星的星体，其星等值为零或负数（太阳 –26.7 等，月亮 –12.6 等，金星 –4.0 等，天狼星 –1.46 等）。另外也把星等的极差分得更细致，增加了小数星等，例如人类肉眼观星的极限星等约为 6.5 等、小望远镜能观测到肉眼看不到的 6.5 等以上的星、地面 10 米口径的望远镜能观测到的极限星等为 24.0 等、哈勃太空望远镜能观测到的极限星等为 28.0 等（参考图 2.22）。

天上星星数得清吗？

童谣说"天上星，数不清"，其实肉眼可见的亮星还是数得清的。古代中西方文明都发源于北半球中纬度地区，在这些地区的人类对肉眼可见的星星数了几千年，对那些比较亮的星都数得很清楚。前面讲的古希腊天文学家喜帕恰斯，就在公元前记载了他及其前人数过的 1022 颗星。中国人数星星也有几千年的历史，有记录的恒星有 1464 颗。在古代的暗夜星空下，无论中国还是外国的科学家都前赴后继地记录下他们能看到的星星，为现代人留下了一笔宝贵的财富。古人为了便于数星星和认星星，就把天空中的星群想象成各种形状，西方叫星座，中国叫星官和星宿。古人数过的这 1000 多颗亮星，就包括在这些星座和星官、星宿里。

现代科学家通过肉眼和望远镜的全天观察（包括南半球），对每一颗亮星都做了定量的星等标定，发现全天最亮的恒星有 6000 多颗。其中一等星共 21 颗，二等星共 46 颗，三等星共 134 颗，四等星共 458 颗，五等星共 1476 颗，六等星共 4840 颗，共计 6974 颗。一等星和二等星都非常亮，即使在光污染很严重的大城市，只要避开闹市区，人们基本上可以看到一等星和二等星。我们会在后面介绍这些人们有必要熟练辨认的亮星。

随着人类对宇宙探索的深入，我们发现和记录的恒星越来越多。据估计仅在我们居住的银河系里就有几千亿颗恒星，而宇宙中像银河系这样的天体系统至少有几千亿个。这样算起来，天上的星星确实是数不清的。

古代和现代的星座有什么不同？

星座是西方的概念。天上有些星星看起来挨得很近，还组成了人们想象中的形状。古代西方人在观星过程中，很自然地把天空中的一些恒星用假想连线连接出一些形状（例如动物、器物或神话人物等），还给它们起了一些形象的名字，渐渐流传下来。例如图 2.23 中的白点是恒星，连线是假想的，但由于连起来的形状左边像一只大熊，右边像一只小熊，所以人们就将这两群星命名为大熊星座和小熊星座。

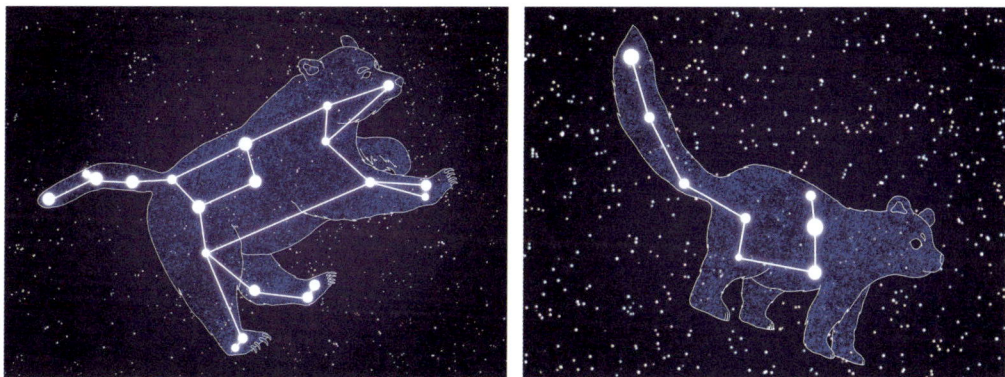

图 2.23 大熊星座（左）与小熊星座（右）示意图

科学家接纳和延续了对后世有影响的星座概念。科学家依据古希腊流传下来的 48 个星座，以及航海家 F.de 麦哲伦环游世界时经过南半球看到和命名的星座，对全天区域做了统一的划分，在全天共划分出了 88 个区域。1922 年，国际天文学联合大会将历史上沿用的星座名进行整理并确定为现代国际通用的 88 个星座。1928 年，国际天文学会决定依据已有的 88 个星座，把全部天区无一块遗漏地分成 88 个现代星座区域，在每一个星座（天区）中发现的任何星就归这个星座（天区）所有，所以现代星座是天空中的行政区，与地理区划类似。88 个区域的每一个区域基本上涵盖了古代在这里的相应星座，大多数区域的名字也沿用了区域内对应的古代星座的名称。当然也有个别现代星座经过了调整，调整方式包括对古代星座的群进行拆开或合并。例如蛇夫座在古代包含的星星较少，因此不位于黄道上，但在现代的划分中，蛇夫座的星区较大，占据了黄道的一部分，所以现在也被认为是黄道星座之一。另外，住在北半球的古代人没有看见过南半球的星空，南半球的星座是麦哲伦走到南半球时看到和命名的。

古代星座是一些恒星连线组成的形状，没有区域概念，但现代星座是一片区域。例如图 2.24，现代的狮子座是黄色虚线表示的区域，区域内古代狮子座的亮星用绿线连接，依然能看出狮子的形状。

图 2.25 的双子座也是一样，黄色虚线围起来的部分是现代星座的区域，亮星间的绿色连线勾画出古代双子（座）的形象。

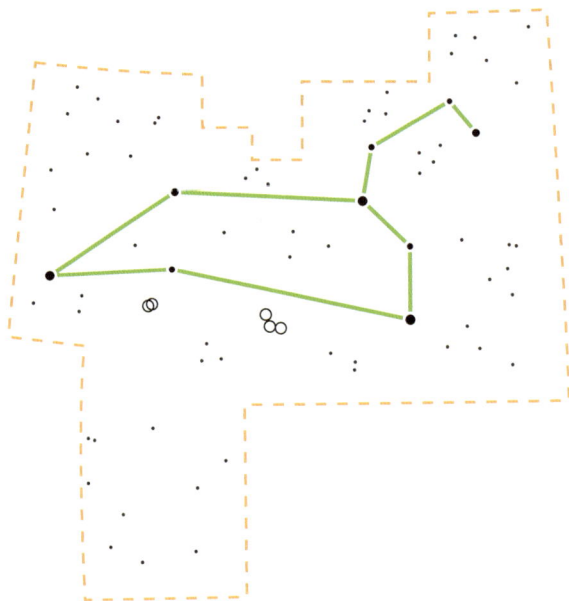

图 2.24　狮子座星图

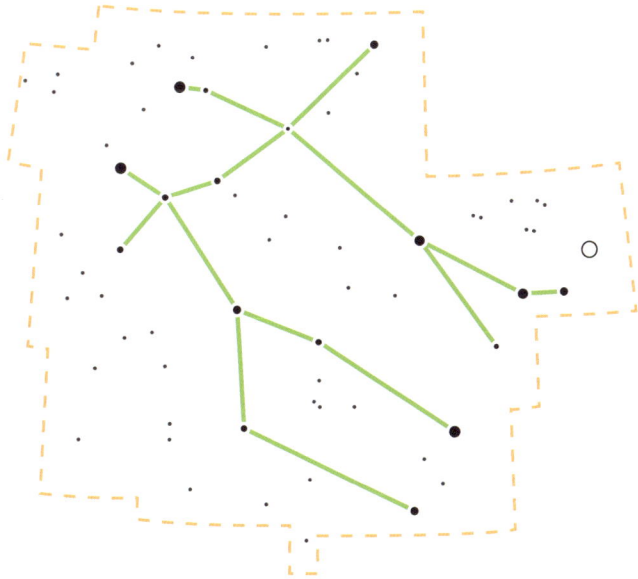

图 2.25 双子座星图

需要注意的是，星星存在于立体的星空（宇宙）中，星座只是地球上看到星星在天球（球面）上的投影。如果离开地球，换一个方向看星星，那么星座的形状就会因星星投影方向的不同而发生改变（图 2.26）。

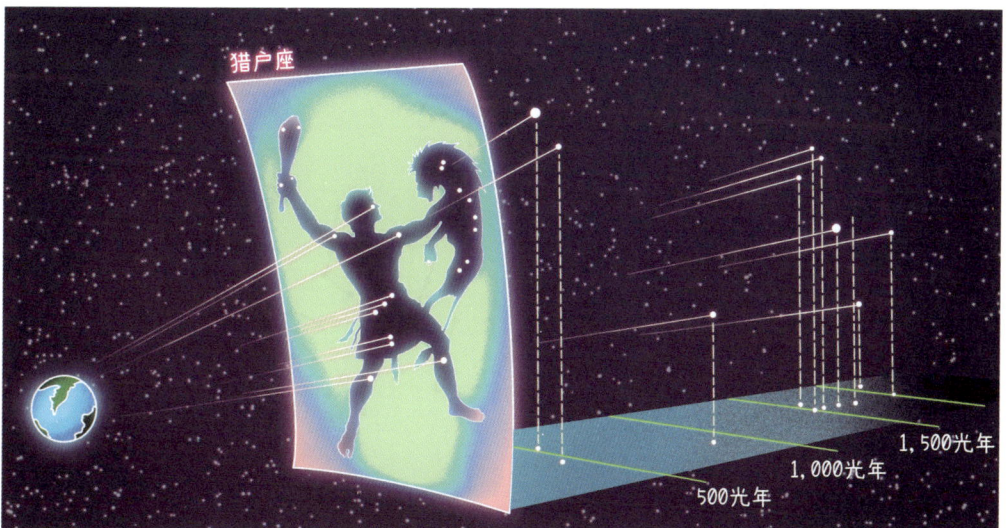

图 2.26 恒星在天球上的投影示意图

星官是天上的社会吗?

星官〔guān〕意为掌管天上星象的官员。中国远古时代就有观测天象和执掌天文的官员,后来先民们把一些天上恒星的群组也称为星官,意思是天帝的官员。古代的中国人认为天上和地上一样有人和社会,当人们认识的星象多起来以后,就出现了一些与地上的事物(涉及人物、官阶、地理、社会、生活、用具等各方面)类似的星官名称。

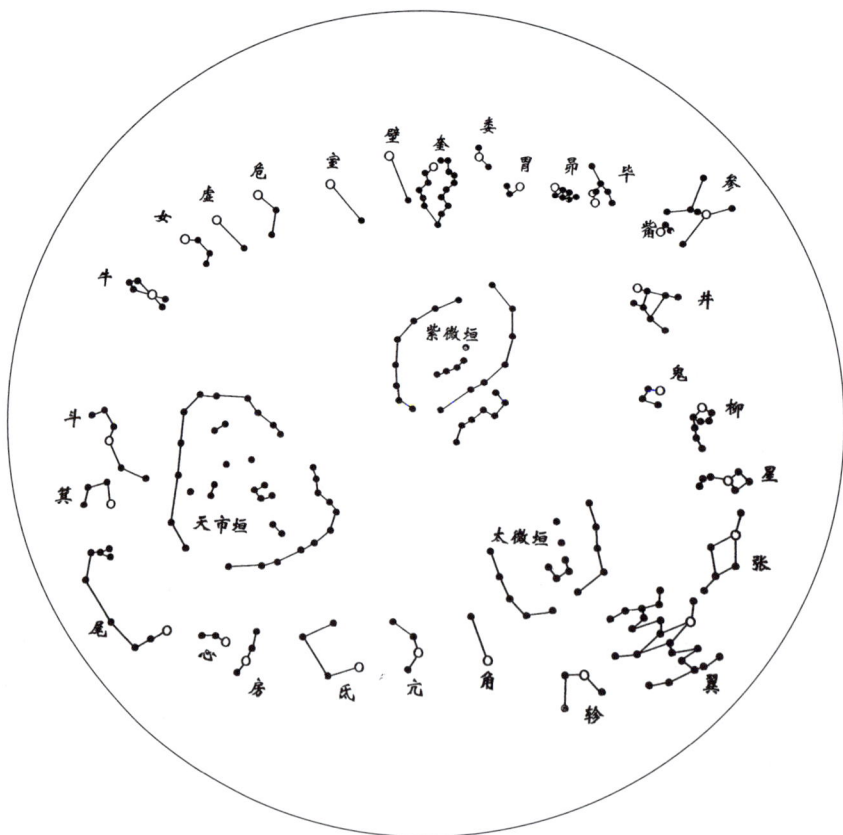

图 2.27.1　中国三垣二十八宿星官体系

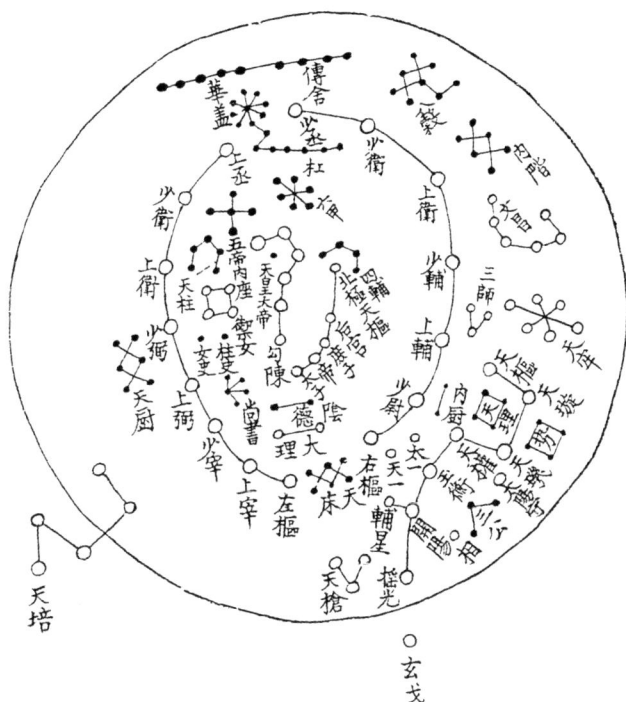

图 2.27.2　中国古代星官示意图（紫微垣星官文图）

　　三国时期吴国的太史令陈卓，研究了中国早期最大的三家占星流派（石申、甘德、巫咸）所发展的三家星官体系，做了并同存异的处理，编辑成一个拥有 283 个星官、1464 颗恒星的星官星表，并绘制了星图，史称陈卓定纪。陈卓定纪对后世影响很大，原本虽已遗失，但作为范本和依据沿用了 1000 余年，各朝各代所绘制的星图、星表等基本上都以陈卓的信息为准。

　　中国星官体系由北极星附近的三垣（紫微垣、太微垣、天市垣）、黄道和赤道附近的二十八宿以及下辖的星官组成，共包括 283 个星官。中国的"三垣二十八宿"星官体系，就是把星空划分为三垣和二十八宿共 31 个天区（图 2.27.1）。

　　三垣的紫微垣（图 2.27.2），居于北天中央的位置，也叫"紫宫"或"中宫"，含有 37 个个星官。

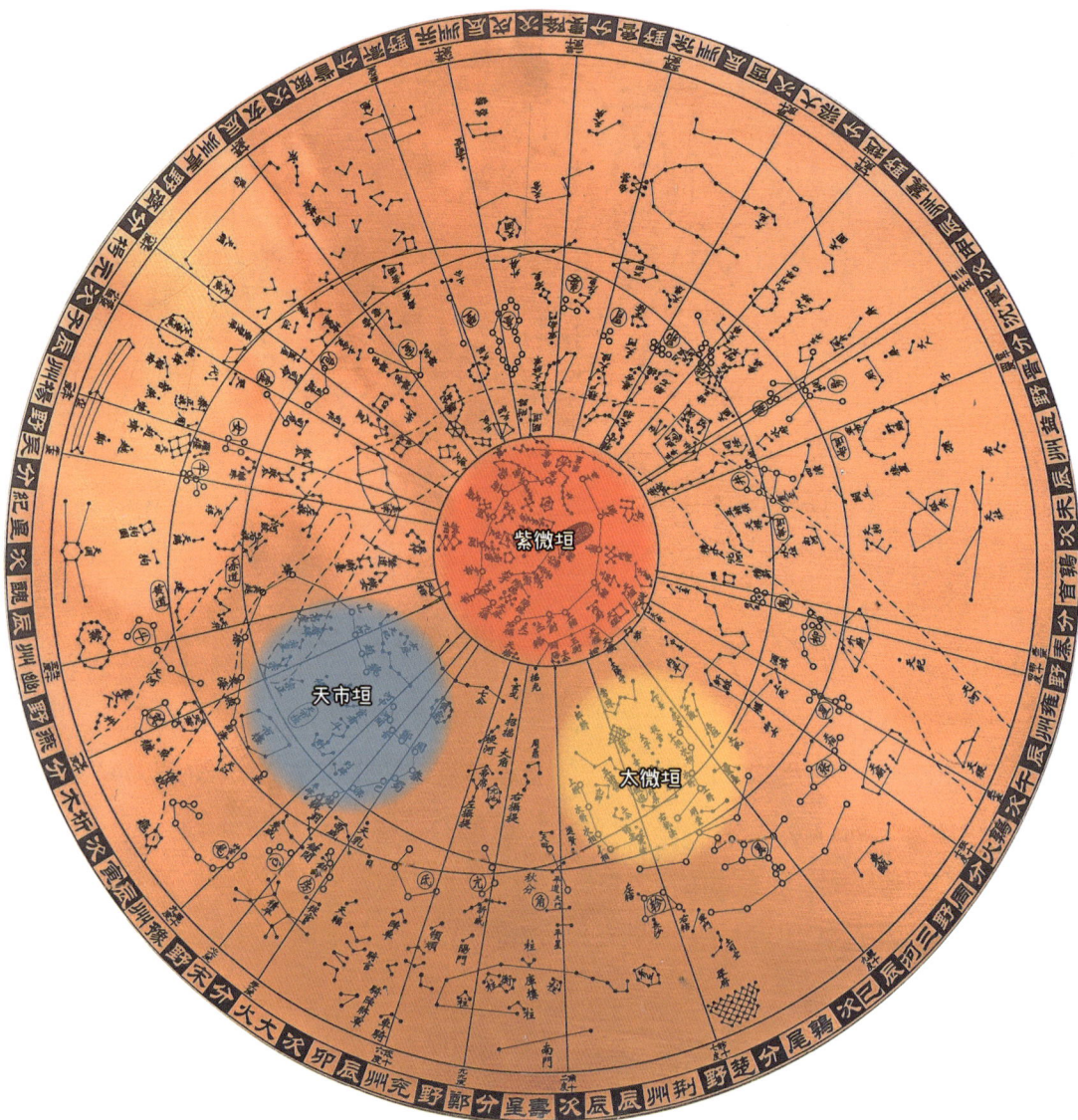

图 2.28　中国古代三垣二十八宿示意图

二十八宿按照方位分为东、北、西、南 4 组，每组含 7 宿，分别是：

东方苍龙，包括角、亢、氐、房、心、尾、箕七宿，共有 46 个星官；

北方玄武，包括斗、牛、女、虚、危、室、壁七宿，共有 65 个星官；

西方白虎，包括奎、娄、胃、昴、毕、觜、参七宿，共有 54 个星官；

南方朱雀，包括井、鬼、柳、星、张、翼、轸七宿，共有 42 个星官。

每一宿不仅包含了与这一宿同名的主要星官，凡是落在这一天区内的星官，也都属于这一宿统率，但三垣范围内的星官，只单独属于三垣。

太微垣在紫微垣和南方七宿之间，包含有 20 个星官；

天市垣在紫微垣和东方七宿之间，包含有 19 个星官。（图 2.28）

星宿是谁的住所？

星宿（xiu）在中国古代文学中泛指天空中的群星，如"日月星宿"，再如北齐颜之推《颜氏家训·归心》中说的"天地初开，便有星宿"。这些词句里的"星宿"都泛指天空中的天体。而在中国古代星象学中，星宿特指古人为观察星空而划分的区域（每一区叫做一宿，或一舍），用来确定日、月、五星（金星、木星、水星、火星、土星）运行所到的位置。宿（或舍）指日、月、星辰栖宿的场所。

古人最早观察到月球在恒星中运行一周约 27～28 天，故与月球栖息有关联的宿就分了 27～28 个，后逐渐固定为 28 个。又因日、

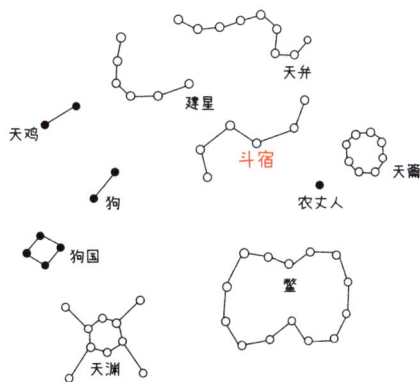

图 2.29　斗宿星官示意图

月、五星均运行在黄道与赤道附近，故星宿区域的界定最初是用沿黄道和赤道附近的 28 个星官来定位的，这些星官名字自然也就变为宿的名字，例如角宿、斗宿（图 2.29）、参宿等。二十八宿中，各宿所包含的恒星都不止一颗，从每宿中选定一颗星作为精细测量天体坐标的标准，叫作这个宿的距星。

古人把黄道与赤道附近天空的一圈分配了角度，用来规定星宿的宽度，它们与天极之间的扇形区域就是某星宿的范围。具体而言，星宿具有以下三个方面的意义：

1）代表黄道与赤道一圈 28 宿中的某一宿（类似星官）。如角宿只有 2 颗星（角宿一和角宿二）；

2）代表天球中对应该宿的那一片天空区域。如角宿区域里除角宿外还有 10 多个星官；

3）代表本宿区域各星官的统领。如角宿区域的统领星官是角宿。

星宿狭义上说是特殊的星官，在黄、赤道上做日、月、五星位置标定；广义上说是一片区域，这里的区域既包括星宿自身（星官），也包含本区域里的其他星官。

西方星座与中国星宿有何异同？

中国的星宿一直用于划分区域，这与西方古代星座的含义不同。这一点与西方现代星座有些类似，不同的是西方现代星座划分的区域是不规则的（图 2.30 中的虚线是星座间的界线，类似地图中的区域界线）。相比之下，中国古代星宿的划分是有规律的，以天极为中心向四周分割的 28 个扇形区域，称为二十八宿（见图 2.28）。

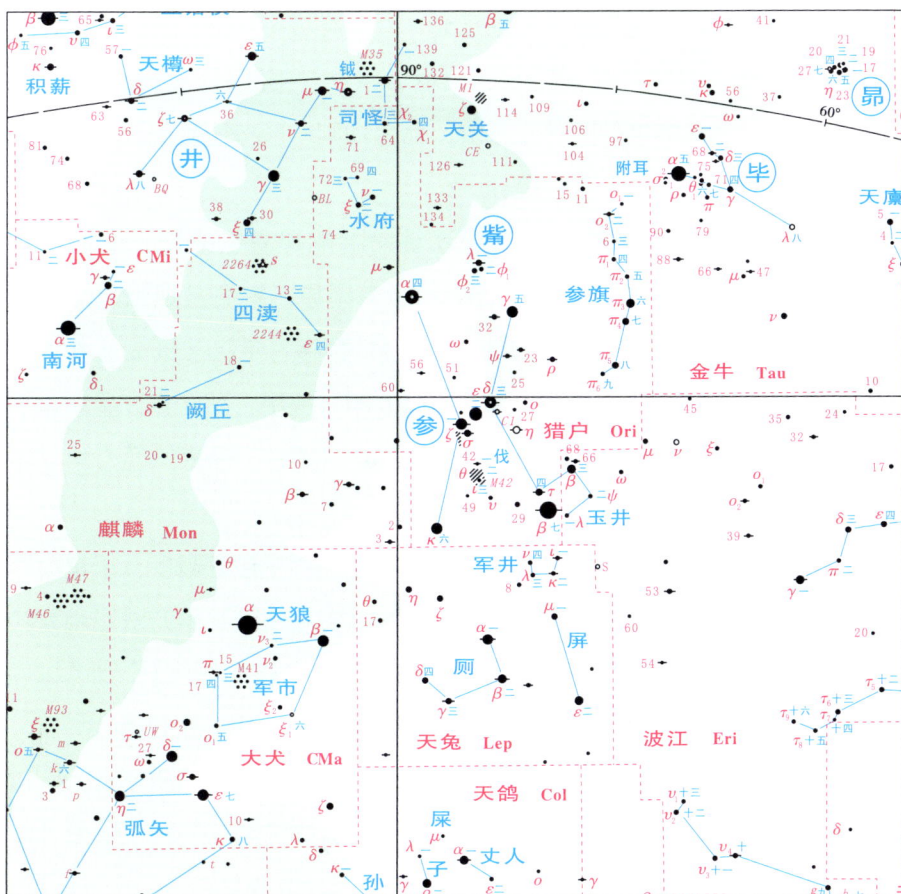

图 2.30　中西对照星图（图中中国星名主要依据《仪象考成》星表）

恒星是如何命名的?

　　一些著名的、明亮的、位置特别的恒星，在古时候就被观星者赋予了特别的名字，例如中国的天狼星（西方叫Sirius）、大角星（西方叫Arcturus）、织女星（西方叫Vega）等。但对于天球上其他的众多恒星，要系统地命名就需要有一些规则。

在中国，古代的先民很早就注意到一些明亮或有特征的恒星，给它们起了各式各样的名字，例如天权、天枢、织女、牛郎等，而全天的亮星是按星宿和星官里的排列顺序命名的，命名规则一般按位置排列，如织女一、河鼓二、心宿二、参宿四等。

在西方，最早给天球上的星座系统命名的是喜帕恰斯，他在编制1022颗恒星的星表时就命名了表中的所有星星，其命名规则是所属星座内的星按亮度排列（个别的排序有出入），顺序为希腊字母 α、β、γ 等。比如天狼星是大犬座（Canis Major）第一亮星，那么它在星表里的名字就是 Alpha Canis Majoris（缩写为 α CMa），后来的西方科学家沿用了这样的规则。

自从有了望远镜，人们观测到每个星座里的恒星越来越多，于是就有了更多的命名恒星的方法。比较著名的如拜耳命名法，这种方法沿用喜帕恰斯的方法，将每个星座中的恒星按照从亮到暗的顺序排列（个别的排序有出入），以该星座的名称加上一个希腊小写字母表示，顺序为 α、β、γ、δ、ε、ζ 等。如果某个星座的恒星数目超过 24 个希腊字母，则接续采用小写的拉丁字母（a, b, c...），仍不足再使用大写的拉丁字母（A, B, C...）。

恒星名字从亮到暗的排列规则一般只适用于比较亮的星。随着望远镜口径的增大，人们观测到的恒星越来越多，星座加字母的方式变得不够方便，于是出现了以数字取代字母的弗兰斯蒂德命名法，每颗恒星的名字都是星座名称加数字（如人马座 51、天鹅座 61）。这样就解决了现在和未来的命名问题，天上所有的星星，包括未来发现的恒星，都会有自己的名字。

在恒星星表中，每颗恒星除了名字外还有编号。虽然不同的星表可能为同一颗恒星分配不同的编号，但各个星表之间有专门的编号相对应，以确保每一颗恒星都有自己的身份标志。

天球上的星星怎样变成平面的星图？

星图简单说就是标记恒星位置的图，是把天球球面上星星的位置投影于平面上绘制而成的图，类似于把地球的球面投影到平面上制成的地图，因此也被称为"星星的地图"。

古时候的星图最初用一些小圆圈或圆点附以连线表示星官与星座，后来才陆续加上标示黄道、赤道、分野等的参考线。有些星图还以由大至小的黑点代表星星的亮度，也有的星图附有说明、索引或图例等信息。

1. 古代星图

14 世纪以前的星图数量有限且不完整。西方几乎没有保存下来的古星图，只有中国保存下来了少数星图，例如下面介绍的敦煌星图和苏州石刻天文图。三国时代的吴国太史令陈卓把甘德、石申、巫咸这三位星象家所观测记录的恒星用不同标志方式绘在同一幅图上。图中含有 283 个星官与 1464 颗恒星的形象位置。此星图虽已失传，但被后人多处引用。我们从敦煌星图上可以看出大概。

（1）敦煌星图

敦煌星图是进入世界吉尼斯记录的、世界上现存最古老的绢制星图，推测绘制于唐中期。敦煌星图从敦煌经卷中发现，有甲本和乙本两幅。乙本已经残破，故这里只介绍甲本。

敦煌星图甲本是极为珍贵的绢本彩色手绘长卷图，原藏于甘肃敦煌莫高窟，1900 年始被发现，1907 年被英国人 A. 斯坦因盗走，现存于英国伦敦的大英博物馆。

敦煌星图甲本按太阳十二个月在星空中的顺序，从十二月开始沿赤道

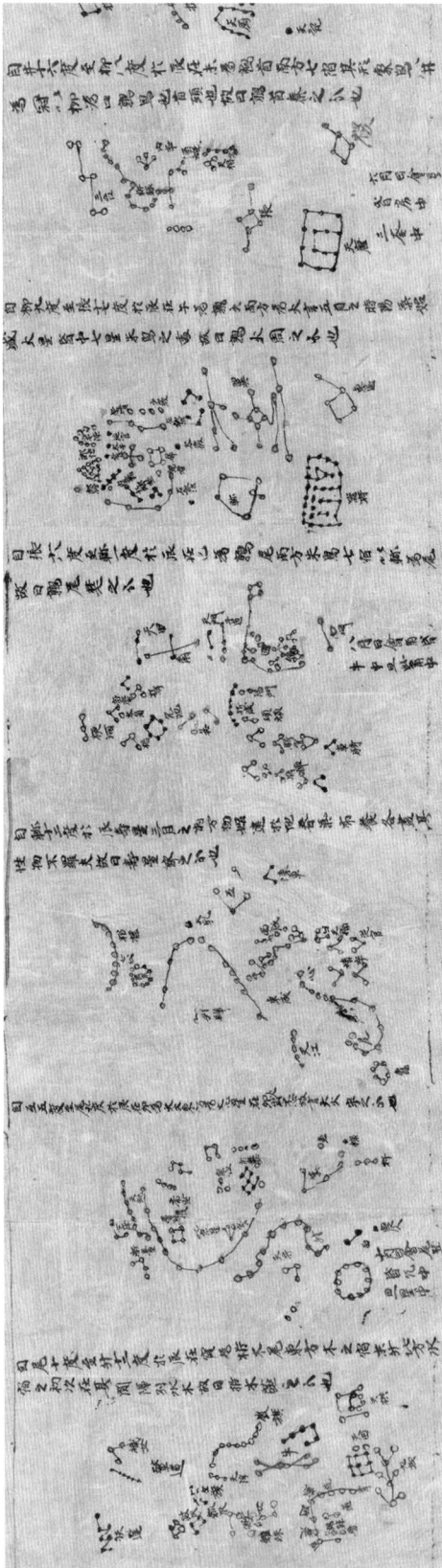

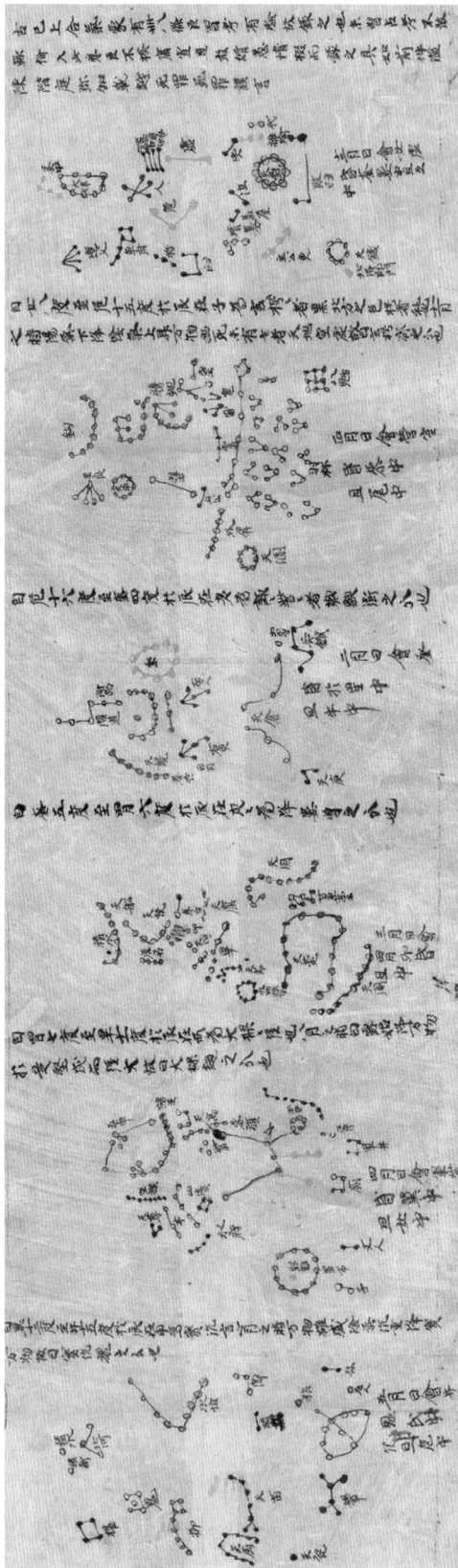

图 2.31　敦煌星图甲本 "横图"（局部）

一周分别画成的 12 幅"横图"（每月一幅，图 2.31）和 1 幅"盖图"（即以北天极为中心的圆图，图 2.32）组成，包含 1359 颗恒星，是已知最早的分别采用"横图"和"盖图"来处理赤道附近和北极附近天区的古代星图。

敦煌星图甲本的画法类似于现代星图，先把紫微垣以南的恒星用类似现代圆筒投影的方法画出，再将紫微垣画在以北极为中心的圆形平面上。全图按圆圈、黑点和圆圈涂黄三种方式绘出 1359 颗星，与甘德、石申、巫咸三家的传统星名相对应。

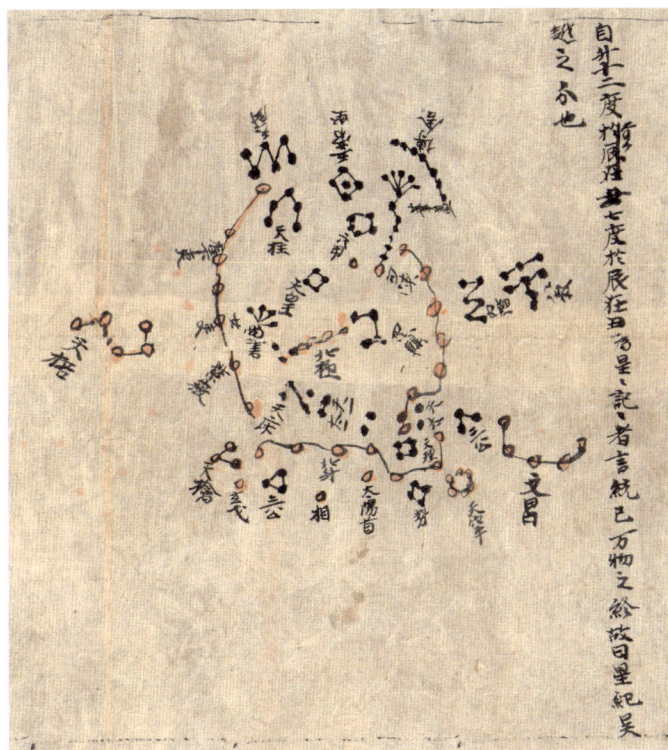

图 2.32　敦煌星图甲本"盖图"

敦煌星图甲本中的"盖图"，即北极天区图，绘制得非常清晰，中间有 4 个红色黑边圆点，分别对应现代小熊座 γ 星、小熊座 β 星、小熊座 5 和小熊座 4，另有 1 个浅色红点，这颗星可能就是当时的北极星。整个北极天区绘有 144 颗星，大致对应紫微垣。

（2）苏州石刻天文图

苏州石刻天文图（图 2.33）是世界上现存最早的根据实测数据绘制并刻在石碑上的全天石刻星图。全图共有 1440 余颗星，图中银河清晰，河汉分叉，刻画细致。它是根据北宋元丰（1078 ～ 1085）年间的观测结果，由黄裳于南宋绍熙元年（1190）绘图，再由王致远于南宋淳祐七年（1247）刻制到石碑上的。石碑现存于苏州文庙。

图 2.33　苏州石刻天文图

苏州石刻天文图以北天极为圆心，刻画出 3 个同心圆。其中外圆直径 85 厘米，包含赤道以南约 55°以内（北纬约 35°地方可见星空范围）的恒星；中圆是天赤道，直径 52.5 厘米；内圆直径 19.9 厘米，包含观测点地区永不下落（北纬约 35°地方的恒显圈[①]）的常见星。黄道与赤道斜交，交角约 24°。按二十八宿距星之间的距离，从天极引出宽窄不同的 28 条辐射状线条，与三圆正向交接，分别通过二十八宿的距星，每条线的端点处注有二十八宿的宿度[②]。

2. 现代星图

现代星图是天文学上用来认星和指示位置的一种重要工具，是标定夜空中恒定的目标（例如恒星、星座、银河、星云[③]、星团[④]和其他河外星系[⑤]）位置的图集。现代星图也分全天星图和局部星图。如果是全天星图，那就得分块，例如分北极极地星图（一般是圆图）、黄道赤道带块图（一般 4 ～ 6 块）、南极极地星图（一般是圆图）等，这样拼起来就是全天球的星图（如图 2.34，大图见书后附录）了。图 2.34 为中西对照全天星图，共 6 幅，包括全天视星等 5.25 以上亮度的恒星；还有约 80 个星团、星云、星系等天体，用 2000.0 历元[⑥]。图中中国星名主要依据《仪象考成》星表。

看星图就像看地图，熟悉星图会对观星和认星带来极大的好处，特别是对全天恒星、星座的分布会有非常清楚的认识。

---

① 恒显圈：见第 129 至 130 页。
② 宿度：二十八宿中某宿距星在天赤道或黄道上的投影与下一宿距星的相应投影之间的角距离，称为该宿的宿度。对应于天赤道和黄道，它又有赤道宿度和黄道宿度之分。
③ 星云：太阳系以外天空中由气体和尘埃组成的一切非恒星的云雾状天体。
④ 星团：由各成员星之间的引力束缚在一起的恒星群体。
⑤ 河外星系：在银河系以外，由大量恒星组成的星系。
⑥ 星表（星图）历元：由于岁差、章动和自行的影响，天体的天球坐标会随时间变化。因此，星表或星图中所列的天体坐标通常对应于某一特定时刻，这种时刻称为星表（星图）历元。

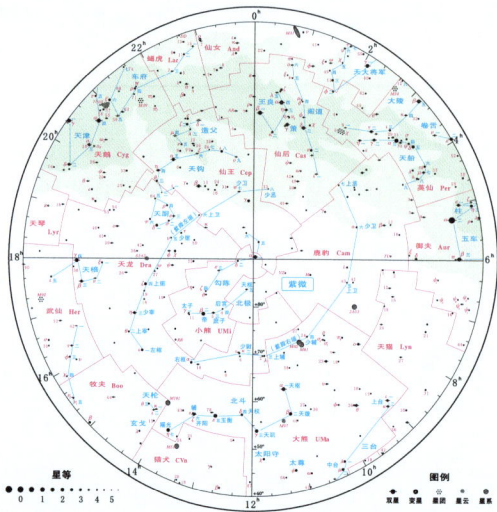

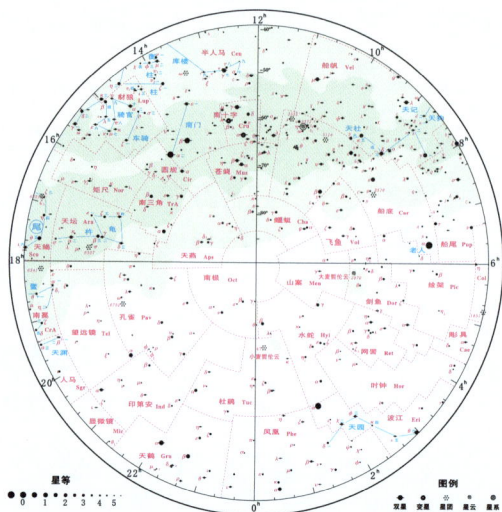

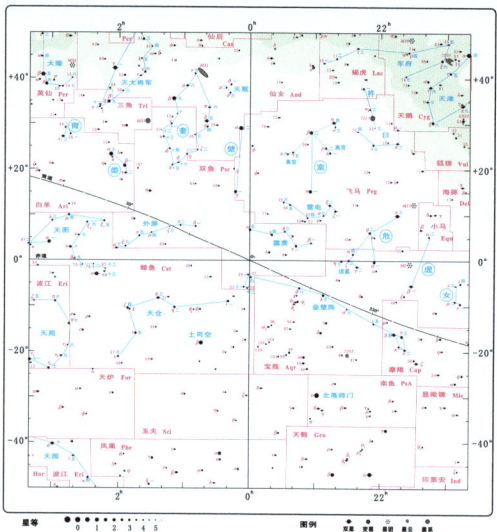

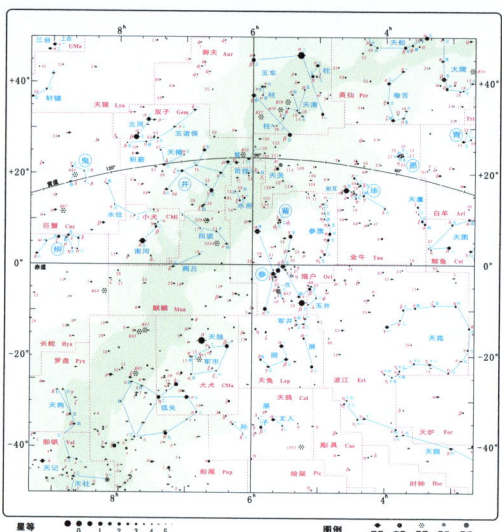

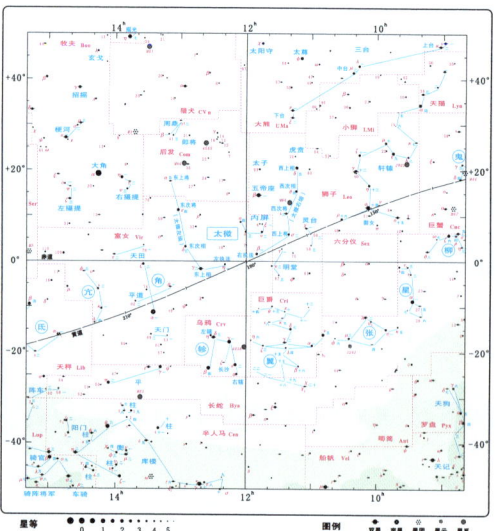

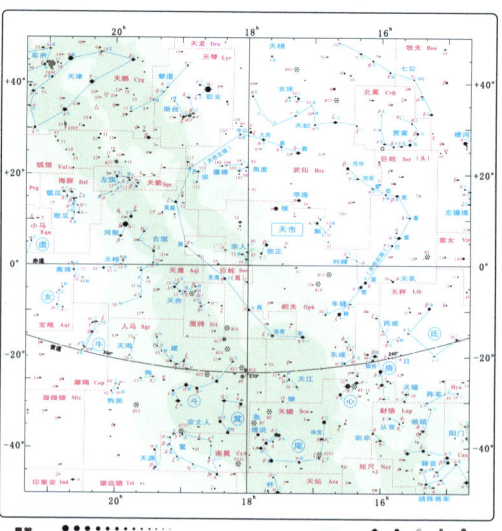

图 2.34　中西对照全天星图（大图见附录）

科学家怎样记录星星的特征?

一般星图的比例尺都不够大，无法显示天体的准确赤道坐标和星等以及其他资料。作为一种天文"工具"，还需备有星表。下面我们来介绍星表。

1. 古代星表

星表是记录天体各种特征和参数（如位置、运动、星等、光谱型等）的表册。把天文观测数据汇总起来编制成星表，是天文学家很早就开始的工作之一。

公元前 4 世纪，中国战国时代的星象家石申著有《天文》八卷（后世称《石氏星经》），其中载有 121 颗恒星的位置。这是世界上公认最古老的星表，虽已失传但对后世影响很大。公元前 2 世纪，古希腊天文学家喜帕恰斯编制了一套记录 1022 颗恒星信息的星表，因在 C. 托勒密的著作中被引用而流传下来，是西方古代著名的星表。

2. 现代星表

现代天文学发展后产生了各种各样的星表，如天文爱好者熟悉的全天最亮 21 颗恒星星表（图 2.35）、亮星星表（2.36）、波恩星表、耶鲁星表等。随着天文学的深入发展，又出现了很多专业星表，例如变星星表、双星星表、射电源表、红外源表。此外还出现了根据空间探测器探测得到的大量信息编制而成的依巴谷星表、盖亚星表等。

图 2.35 按恒星亮度排行，列有星名、所在星座、位置坐标（赤经、赤纬）、视星等、距离，等信息。图 2.36 是记录 9110 颗恒星的第五版全天亮星星表，每一行记录一颗恒星，第一列是恒星的编号，后面的列里都是恒星的信息（如坐标、亮度、光谱型等）。

中文名称	所在星座	赤经	赤纬	视星等	距离（光年）
1 天狼	大犬座	6h44'	-16°42'	-1.44	8.6
2 老人	船底座	6h24'	-52°41'	-0.60	310
3 南门二	半人马座	14h38'	-60°46'	-0.27	4.2
4 大角	牧夫座	14h15'	+19°17'	-0.10	35
5 织女一（织女）	天琴座	18h36'	+38°46'	0.03	25
6 五车二	御夫座	5h15'	+45°59'	0.08	42
7 参宿七	猎户座	5h14'	-8°13'	0.20	850
8 南河三	小犬座	7h38'	+5°17'	0.38	11
9 水委一	波江座	1h37'	-57°20'	0.46	130
10 参宿四	猎户座	5h54'	+7°24'	0~1.3	430
11 马腹一	半人马座	14h2'	-60°16'	0.61	525
12 河鼓二（牛郎）	天鹰座	19h50'	+8°49'	0.77	17
13 十字架二	南十字座	12h22'	-62°48'	0.85	320
14 毕宿五	金牛座	4h35'	+16°28'	0.75~0.95	65
15 心宿二（大火）	天蝎座	16h28'	-26°23'	0.9~1.2	900
16 角宿一	室女座	13h24'	-11°3'	0.98	260
17 北河三	双子座	7h44'	+28°5'	1.14	34
18 北落师门	南鱼座	22h57'	-29°44'	1.16	25
19 天津四	天鹅座	20h41'	+45°12'	1.25	3000
20 十字架三	南十字座	12h47'	-59°35'	1.3	320
21 轩辕十四	狮子座	10h7'	+12°4'	1.35	77

图 2.35 全天最亮 21 颗恒星星表

9110 颗恒星的第五版全天亮星星表

Line# HR#	RA	DEC	Epoch	RA PM	DEC PM	MAG	Title HD #	Comments: Spec	Cross-ref	R-Velocity
1	00:05:09.90	+45:13:45.00	2000.00	-00.012	-00.018	6.70	3 #	A1Vn	BD+44 4550	RV-018
2	00:05:03.80	-00:30:11.00	2000.00	+00.045	-00.060	6.29	6 #	gG9	BD-01 4525	RV+014
3	00:05:20.10	-05:42:27.00	2000.00	-00.009	+00.089	4.61	28 #	K0III *	BD-06 6357	RV-006
4	00:05:42.00	+13:23:46.00	2000.00	+00.045	-00.012	5.51	87 #	G5III	BD+12 5063	RV-002
5	00:06:16.00	+58:26:12.00	2000.00	+00.263	+00.030	5.96	123 #	G5V	BD+57 2865	RV-012
6	00:06:19.00	-49:04:30.00	2000.00	+00.565	-00.038	5.70	142 #	G1IV	CD-4914337	RV-003
7	00:06:26.50	+64:11:46.00	2000.00	+00.008	+00.000	5.59	144 #	B9III	BD+63 2107	RV-000
8	00:06:36.80	+29:01:17.00	2000.00	+00.380	-00.182	6.13	166 #	K0V	BD+28 4704	RV-008
9	00:06:50.10	-23:06:27.00	2000.00	+00.100	-00.045	6.18	203 #	A7V	CD-23 4	RV-003
10	00:07:18.20	-17:23:11.00	2000.00	-00.018	+00.036	6.19	256 #	A6Vn	BD-18 6428	RV-009
11	00:07:44.10	-02:32:56.00	2000.00	+00.027	-00.002	6.43	315 #	B8III *	BD-03 2	RV-013
12	00:07:46.80	-22:30:32.00	2000.00	+00.052	-00.044	5.94	319 #	A2Vp:	CD-23 13	RV-013
13	00:08:03.50	-33:31:46.00	2000.00	-00.037	+00.000	5.68	344 #	K1III	CD-34 17	RV+007
14	00:08:12.10	-02:26:52.00	2000.00	+00.009	-00.003	6.07	352 #	K2III *	BD-03 3	RV+001
15	00:08:23.30	+29:05:26.00	2000.00	+00.136	-00.163	2.06	358 #	B8IVp *	BD+28 4	RV-012
16	00:08:17.40	-08:49:26.00	2000.00	-00.052	-00.033	5.99	360 #	gG8	BD-09 5	RV+020
17	00:08:41.00	+36:37:36.00	2000.00	-00.100	-00.145	6.19	400 #	F8IV	BD+35 8	RV-014
18	00:08:33.40	-17:34:39.00	2000.00	+00.000	-00.025	6.06	402 #	M0III	BD-18 3	RV-017
19	00:08:52.20	+25:27:46.00	2000.00	+00.114	+00.031	6.23	417 #	K0III	BD+24 3	RV+015

图 2.36　全天亮星星表（第一页局部）

最简单的活动星图怎么用？

我们用于天文观测活动，最简便的是活动星图，它以北天极为中心标绘出全天亮星的位置和亮度（星等），其上有椭圆开孔的圆盖片，绕中心转动而让可观测星区从盖片开孔露出（图 2.37）。

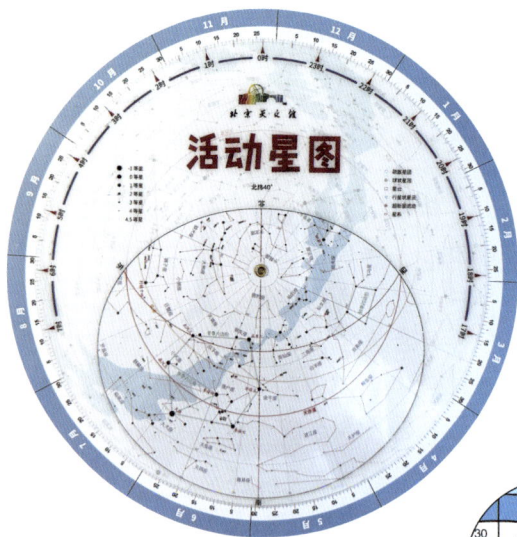

步骤 2：使用活动星图的正确姿势

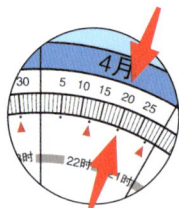

步骤 1：对齐日期和时间。

例如，要想查看 4 月 20 日晚 21 点 30 分的星空，须将 4 月 20 日的刻度对准 21:30 的刻度。

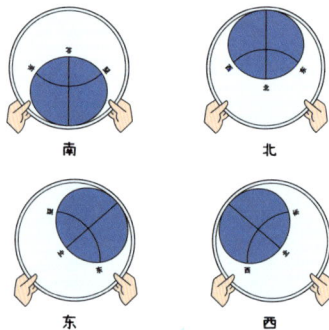

将星图持正，面向南方，将星图举过头顶，就可以对照星图查看南方的星空了。如果要查看其他方向的天空，需面向观测的方向，然后按照上边的方式持握星图。

图 2.37 活动星图

注意："仰观天象，俯察地理"，地图一般是上北、下南、左西、右东排列的；而星图一般（除了天极区）是上北、下南、左东、右西排列的。

使用时需面朝南方，把活动星图举过头顶，使盘套上"北"的箭头方向朝向北方。只要对照活动星图窗口里的星座及周围亮星的分布，就可以认出当时当地对应天空中实际的星座和其中较亮的星星。

图 2.37 所示的活动星图适用于北纬 40°，纬度差别不大的地区也可以正常使用。过于偏北的观星者则无法看到南方的一些恒星，过于偏南的观星者则能够看到一些星图上没有显示出的恒星。偏离北纬 40°较远的观星者，需要使用符合自己所在纬度的活动星图。

最方便的"虚拟天文馆"怎么用？

为了弥补现代城市人群缺少暗夜观星机会的遗憾，天文爱好者编制了很多好用的观星软件。尽管这些软件展示的星空不能替代真实的星空，但足以帮助初学者认识星空，进而为实际观测提供准备。Stellarium 是众多观星软件中一款简单易学的入门级软件。

1. Stellarium 软件的特点

Stellarium 是一个虚拟天文馆软件，让你可以在电脑屏幕上享受一个完全属于自己的超清实时星空，就如同你在野外夜阑人静时抬头看到的星空一样。Stellarium 可以根据观测者所处的时间和地点，显示出暗夜中用肉眼、双筒望远镜和小型天文望远镜等可观测到的实时天象。Stellarium 可以用作学习夜空知识的教具，也可以作为天文爱好者观测星空的辅助工具。

2. Stellarium 的安装与使用

你可以访问官方网站（http://stellarium.org/）免费下载该软件。软件的操作菜单分别隐藏在窗口的左侧和底部，鼠标移动到这些区域时菜单才会显示（见图 2.38）。要查看不同日期或不同观测点的星空，你需要进行相应的设置。

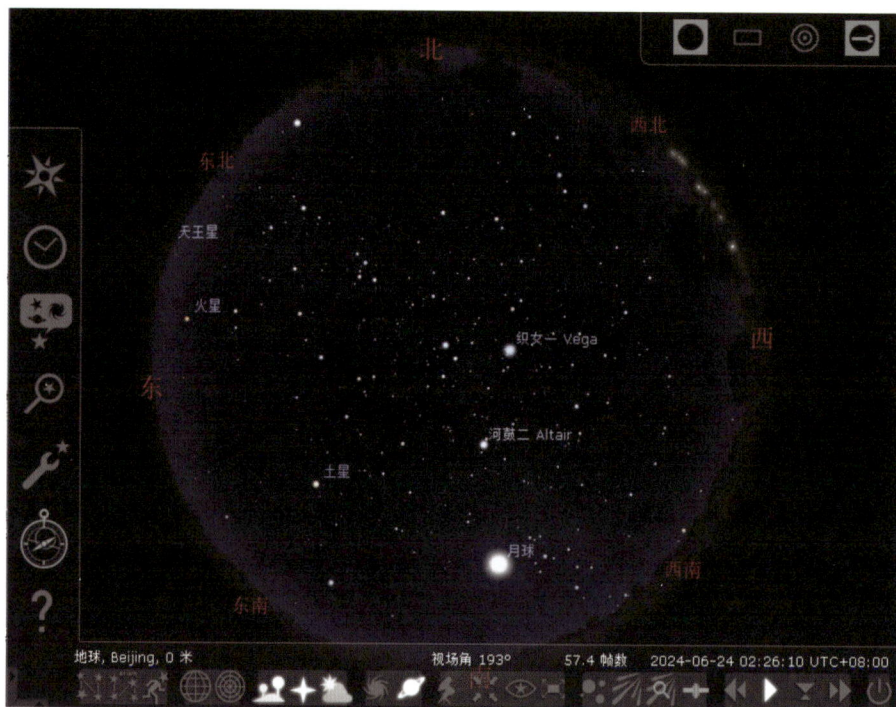

图 2.38　Stellarium 工作界面

（1）日期时间：软件默认的是电脑上的日期和时间，请检查电脑的设置是否准确。如果需要改变日期时间，可以点开左上方的第二个图标进入设置窗口。

（2）地点设置：点击左上方的第一个图标，打开地点设置窗口（图 2.39）。在地图上点击你所在的位置，或者直接输入经纬度。然后点击"set as default（设为默认值）"按钮，保存设置。

（3）选择语言：有中文、英文等多种选择。

（4）选择显示：打开选择界面，打钩选择想要显示的选项。

（5）正反向快慢进：软件启动后，天空默认与地球自转同步发生一秒一秒的转动。如果点击底部菜单右侧的 4 个箭头，可以控制天空转动的快慢，甚至倒转。这样你就可以查看特定时间段的天体位置了。

界面左侧和底部的两列菜单和图标能快速提供你想知道的天体信息（例如星座连线、星座名称等）。不想显示某项时，再次点击相应图标即可取消。如果想要了解软件的更多功能、操作方法和键盘功能等方面的问题，可以通过点击窗口左侧菜单左下角的问号图标获得帮助。大家在使用中可以探索更多有趣和实用的功能。

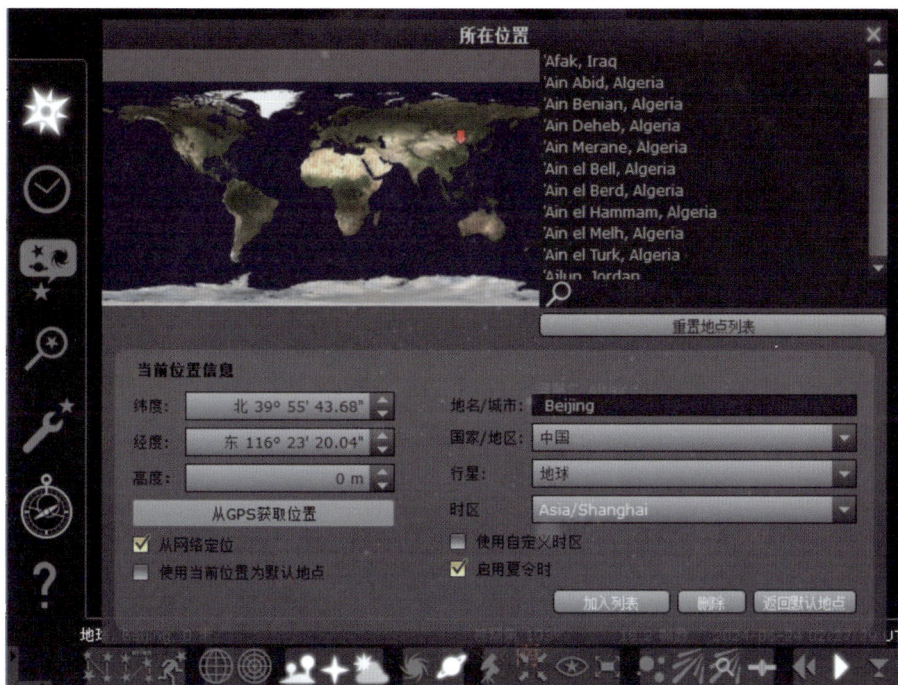

图 2.39　Stellarium 地理位置设置界面

最简易的天文望远镜怎么装？

专业望远镜和科普用望远镜的结构大同小异，下面我们来认识一下学校常用的小型科普望远镜（参考图 2.40）。

1. 望远镜的配件清单

（1）防尘罩
（2）太阳罩
（3）主镜筒
（4）寻星镜 + 支架（带制紧螺丝）
（5）目镜

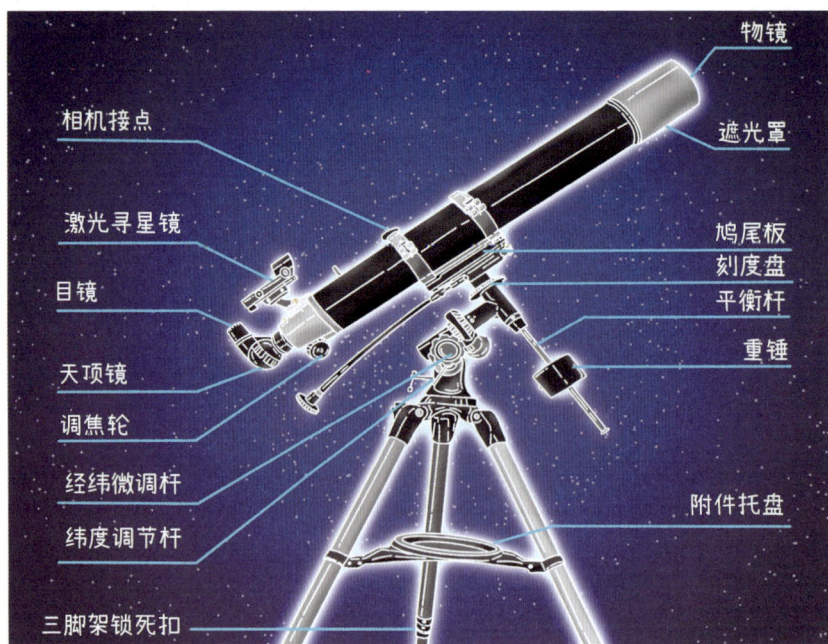

图 2.40　小望远镜结构示意图

相机接点
激光寻星镜
目镜
天顶镜
调焦轮
经纬微调杆
纬度调节杆
三脚架锁死扣

物镜
遮光罩
鸠尾板
刻度盘
平衡杆
重锤
附件托盘

（6）反光镜

（7）调焦筒 + 手轮

（8）赤纬调节手轮 + 赤纬度盘

（9）极轴度盘

（10）三角基座

（11）时角调节手轮

（12）平衡杆 + 重锤

（13）三脚架 + 制紧螺钉

（14）三脚架附件盘 + 螺钉

（15）脚架垫

2. 望远镜的组装方法

以上配件需要装配起来并调试好才能使用，这里做简单介绍。

▼ 组装三脚架（支撑部分）

◇ 要求稳固和水平，支架上一般有水平仪等调水平的部件；

◇ 三脚架腰部有一个兼做支撑的托物盘，可以放目镜等观测用的配件；

◇ 三脚架的 3 条腿一定要固定并锁紧。

▼ 组装转动部分

◇ 由两个轴组成，分别为赤纬轴、赤经轴（又称极轴）；

◇ 转动部分整体与支架禁锢结合在一起。

▼ 调整望远镜倾角

◇ 北极点的地平高度等于当地地理纬度，转动部分侧面有刻度；

◇ 赤经轴（极轴）倾角是当地地理纬度，极轴指向北。一般以房子正南正北方向，或白天立竿见影、晚上找北极星定向，模拟安装时给出假想北极点。

▼ 安装望远镜本体

将镜筒下的燕尾长条块嵌入转动部分上的燕尾槽，拧紧侧面螺丝，防止滑动。

▼ 赤经、赤纬轴平衡

◇ 一头装望远镜，一头装平衡杆和平衡重；

◇ 安装平衡杆时，重锤先拧到最下端，拧好杆下保险螺丝，以防止滑落。

▼ 安装望远镜附件（镜头盖、寻星镜、90 转向接头等）

▼ 望远镜整体调平衡

◇ 调赤经轴方向的平衡（调整平衡锤的位置）：松开重锤上禁锢螺丝，使重锤与镜筒平衡（切记铁柱半圆头对着平衡杆）；

◇ 调赤纬方向的平衡（前后移动镜筒）：稍微松开 2 个报箍，使镜筒能够前后移动（注意用手托住镜筒，防止其脱落）；

◇ 调整主镜与寻星镜的光轴平行。

掌握书中介绍的这些知识，我们就可以正式开始观星了。

为什么要按季节观星？

当你站在地球中纬度的某地观星，虽然可以跟随地球自转而看到一圈的可观测星空范围，但是这一圈的范围只在夜晚可见。当白天太阳出来后，星星仍然在天空中，但因阳光强烈和地球大气的作用使得白昼的亮度淹没了星星。所以我们要想看到全部可见星空，不但要跟随地球自转，在每一个夜晚看星空，还要跟随地球公转，把各个方向的星空都看遍。

当我们跟随地球公转到冬季位置时，夜晚可以看到冬季星座（见图 2.41），此时夏季星座在白天出现在太阳背后，所以我们是看不见的；同样，

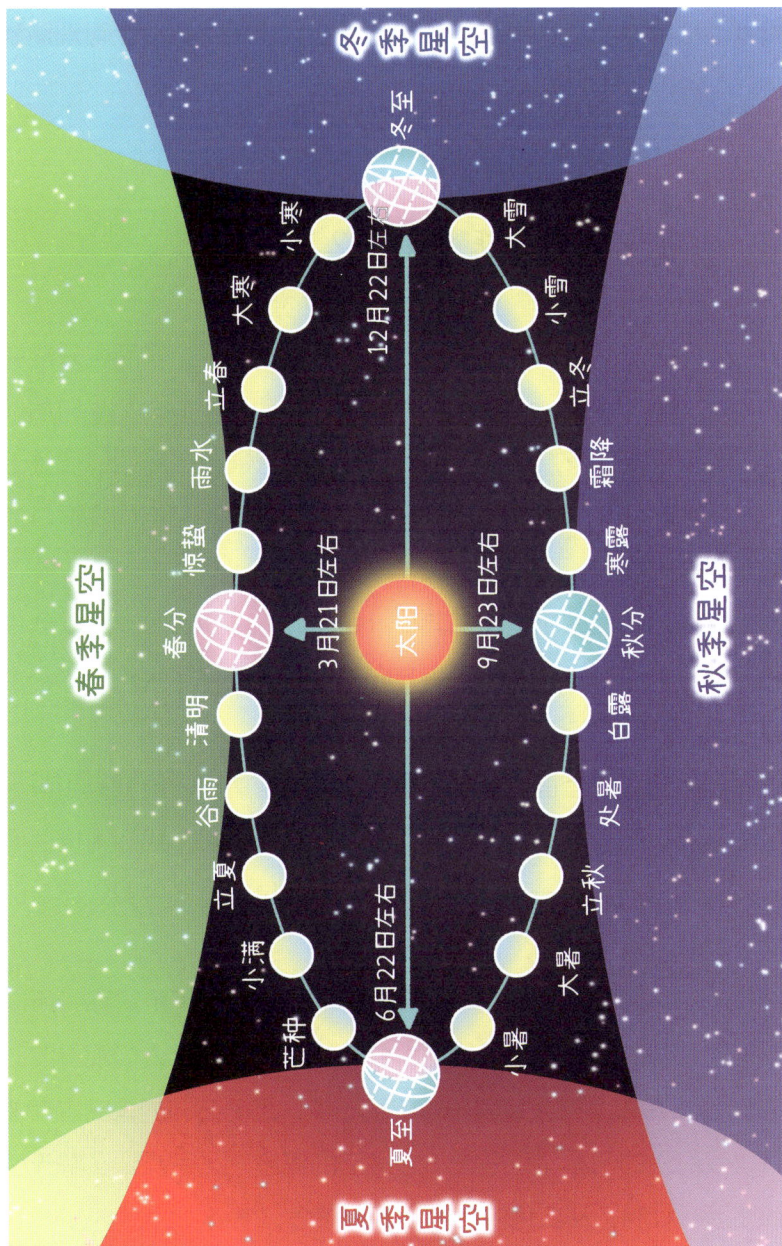

图 2.41 四季星空示意图

我们在春季位置能看到春季星座，看不见秋季星座；我们在夏季位置能看到夏季星座，看不见冬季星座；我们在秋季位置能看到秋季星座，看不见春季星座。只有跟随地球公转一周以后，才能看全自己所处纬度上可观测到的全部星空。

星空的四季怎么划分？

我们经常说四季星空，这并不是说在某个季节里只能看到那一季的星空。我们所说的当季星空指日落 1 ～ 2 小时后（天空完全黑下来）观察者正南方向的星空景象。对同纬度线上的观察者而言，当地日落 1 ～ 2 小时看到的星空与同纬度其他地区看到的星空是一样的。

因为地球的自转反映了星空的转动（每 24 小时 360°），所以到午夜时星空已经转了大约 90°，此时正南方向的星空就变化了大约 90°，也就是午夜面向南方看到的应该是下一季日落后的星空。

建议入门级的观星者首先观察当季星空的典型星座，也就是当季含有亮星最多的星座。图 2.42 是以北极点为中心的星空图，我们用橙色虚线把天空分为 4 个部分，每一部分代表一个季节的星空，图中黄线连接的星座就是那个季节的典型星座。

从图 2.42 中可见，天球上分布的恒星和星座并不完全对称，所以在每个季节里能看到的典型星座只能是大致的方向。又由于人们观星的时间不限于日落后 1 ～ 2 小时，或早一点或晚一点，正南方向的星空也有些许不同。所以我们说的四季星空只是一个宽泛的概念，大家需要了解天空的分布规律和运行机制，从变化中找到不变的核心。

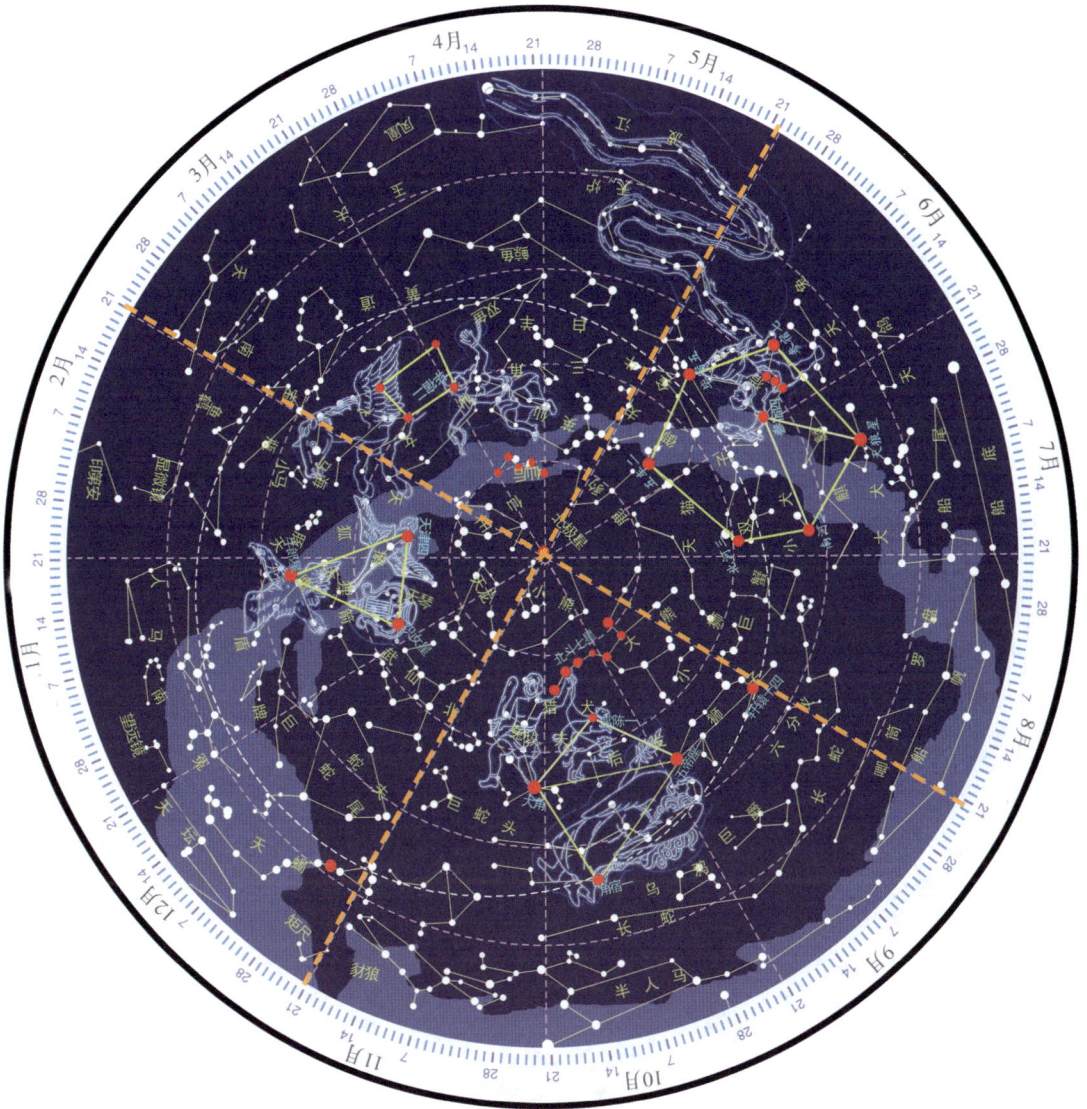

图 2.42　以北极点为中心的星空图

春季星座来得晚？

　　春季星空是春季天黑后 1～2 小时，我们面朝南方天空看到的那些星星（图 2.43）。这个方向上并不是所有星星都很明亮，但有 3 个星座相对明亮，那就是狮子座、室女座和牧夫座。这 3 个星座里各有 1 颗一等的亮星，除此之外这个方向的其他星座里没有一等的亮星。即使在光污染相当严重的城市里，只要稍微远离一点闹市灯光，一般都可以在 4、5 月天黑后 1～2 小时，看见狮子座、室女座和牧夫座的亮星位于东南方天空。

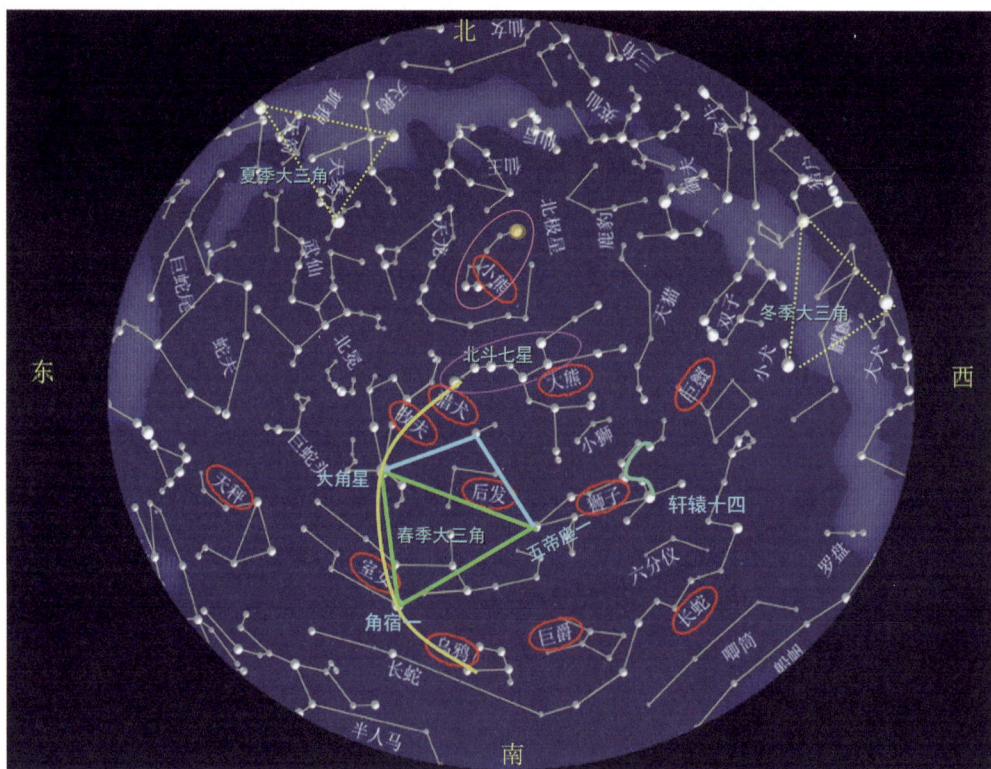

图 2.43　春季星空图

我们一般说春季是 3 ～ 5 月，为什么 4 ～ 5 月而不是 3 ～ 4 月才能看见位于东南方的春季星座呢？因为天球上分布的恒星和星座并不那么对称，而春季里含有一等亮星的这 3 个星座基本上是在 4 ～ 5 月的天黑 1 ～ 2 小时后，才位于东南方天空中比较适合观看的位置。

1. 当季典型星座对应的主要亮星

初学者如果想要观察更多的星座，认识更多的亮星，可以把当季典型星座与星座里主要的亮星对应起来（图 2.44）。

（1）春季大三角（见图 2.44 橙色连线）

包括狮子座、室女座、牧夫座 3 个星座，每个星座中的 1 颗星用假

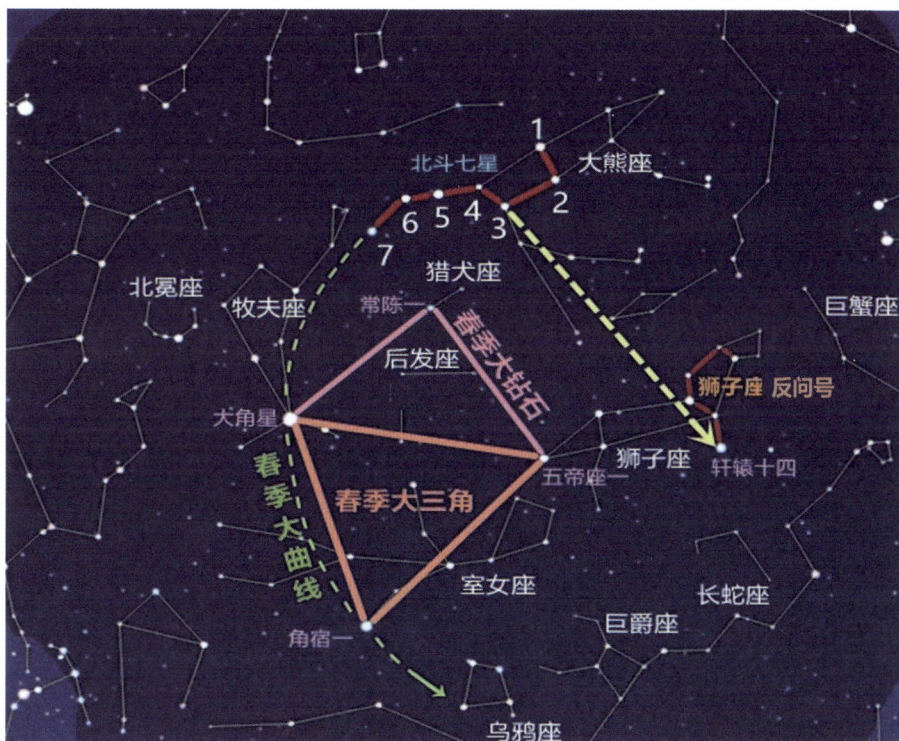

图 2.44　春季星座图

想连线连接起来可以组成一个差不多等边的三角形，称为"春季大三角"。春季大三角的 3 颗星分别是：

① 狮子座第二亮星，狮子座 β（中文名五帝座一，二等亮星，是狮子的尾巴）。注意春季大三角连接到狮子座的不是第一亮星狮子座 α（中文名轩辕十四，一等亮星，是狮子的心脏）；

② 室女座第一亮星，室女座 α（中文名角宿一，一等亮星）；

③ 牧夫座第一亮星，牧夫座 α（中文名大角星，一等亮星）。

（2）春季大钻石（见图 2.44 橙色和粉色两个三角组合）

在春季大三角上边再加一个三角形（连接猎犬座 α[①]），看起来像一颗硕大的钻石，称为"春季大钻石"。

（3）春季大曲线（见图 2.44 绿色间断线）

顺着北斗七星（图中红色连线）斗柄的指向弯曲，可以找到牧夫座 α，然后顺着曲线弯曲到室女座 α，再向西南延伸，就看到 4 颗星组成的乌鸦座，称为"春季大曲线"。

2. 不同纬度地区所见星座的高度区别

以上春季典型星座，在中国高、中、低纬度地区都可以看到，只是不同纬度上看到各星座的高度有所区别，见下列软件星空截图（图 2.45 ～图 2.47）。

---

① 猎犬座 α（中文名常陈一），是比较亮的肉眼可见的双星（猎犬座 α1 约 5.6 等，猎犬座 α2 约 2.9 等），也是变星（星等在变化）。使用小望远镜会更清楚地看到分开的两颗星。

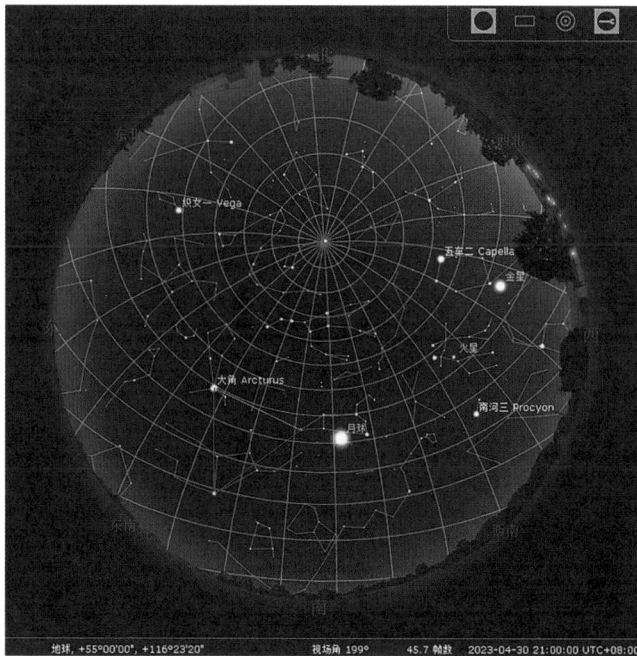

图 2.45　中国北方较高纬度地区（北纬 55°）
漠河地区 4 月底晚 9 点春季大三角位于东南方向中低天空中

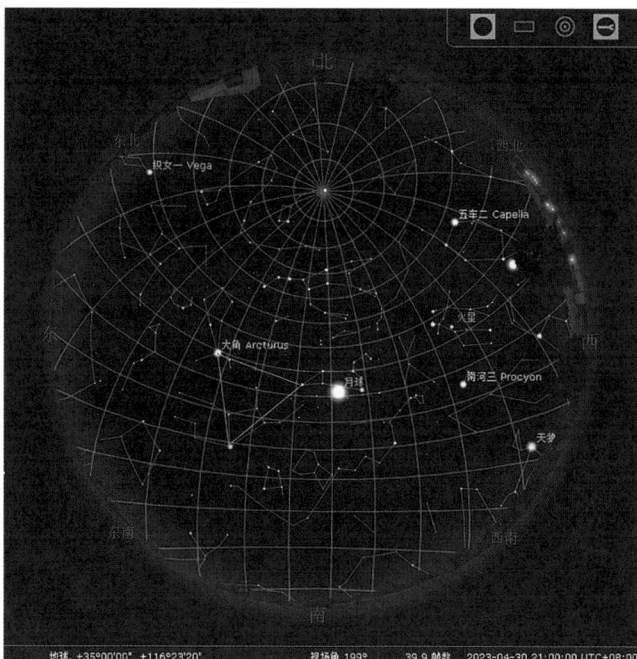

图 2.46　中国中纬度地区（北纬 35°）
洛阳地区 4 月底晚 9 点春季大三角位于东南方向中部天空中

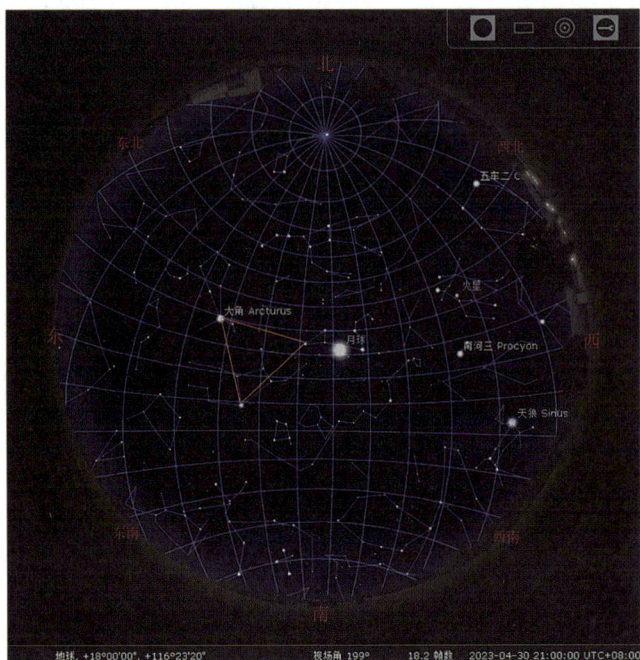

图 2.47　中国低纬度地区（北纬 18°）

海南岛地区 4 月底晚 9 点春季大三角位于东南方向中高天空中

夏季星座持久长？

　　夏季星空最壮观的景象是银河（图 2.48.1），银河在中国古代称作天河，牛郎织女鹊桥相会的凄美故事流传至今。为什么夏季的银河看起来像一条白茫茫、虚无缥缈的丝带，从南到北横跨夜空呢？

　　原来地球和太阳系一起坐落在银河中（图 2.49），由于我们跟随地球运动，春夏秋冬所能看到的银河方向不同，所以感觉银河也如星座一样，在天空中运动。而夏季正好是我们从侧面看向银河系中心的方向，所以看起来银河就像一条带子横跨天空。

图 2.48.1　银河（关越拍摄）

图 2.48.2　银心（关越拍摄）

图 2.49　银河结构示意图

　　夏季星空是夏季天黑后 1 ～ 2 小时，我们面朝南方天空看到的那些星星（图 2.50）。银河两岸的牛郎星、织女星和银河中的"天津四"组成"夏季大三角"。这三颗星都是一等亮星，它们所在的三个星座分别是天鹰座、天琴座和天鹅座，这三个星座是夏季最著名的星座。因为组成夏季大三角的这三个星座距离北极点都比较近，所以它们在天空中被观测到的时间比较长。如果每天傍晚观测的话，一般 6 月初就可以在东边天空看到，直到 11 月底才在西边天空落下。

　　夏季银河南端还有一个天蝎座，也是含有一等亮星（心宿二）的著名星座。因为天蝎座偏南且离北极点比较远，所以它在天空中被观测到的时间比较短，一般中纬度地区的观察者只能在 6 ～ 8 月的傍晚在南边很低的天空中看到天蝎座。

　　要找夏季大三角，最好先找织女星。在北方中纬度地区，织女星在夏季天黑以后基本上在头顶附近，同时在织女星的两个直角方向又可以看到两颗很亮的星，直角边短边方向的是天津四，直角边长边方向的是牛郎星。在比较暗的夜空下，还可以看到牛郎星前后有 2 颗小星，中国民间叫扁担星，是神话中牛郎挑着的两个孩子。

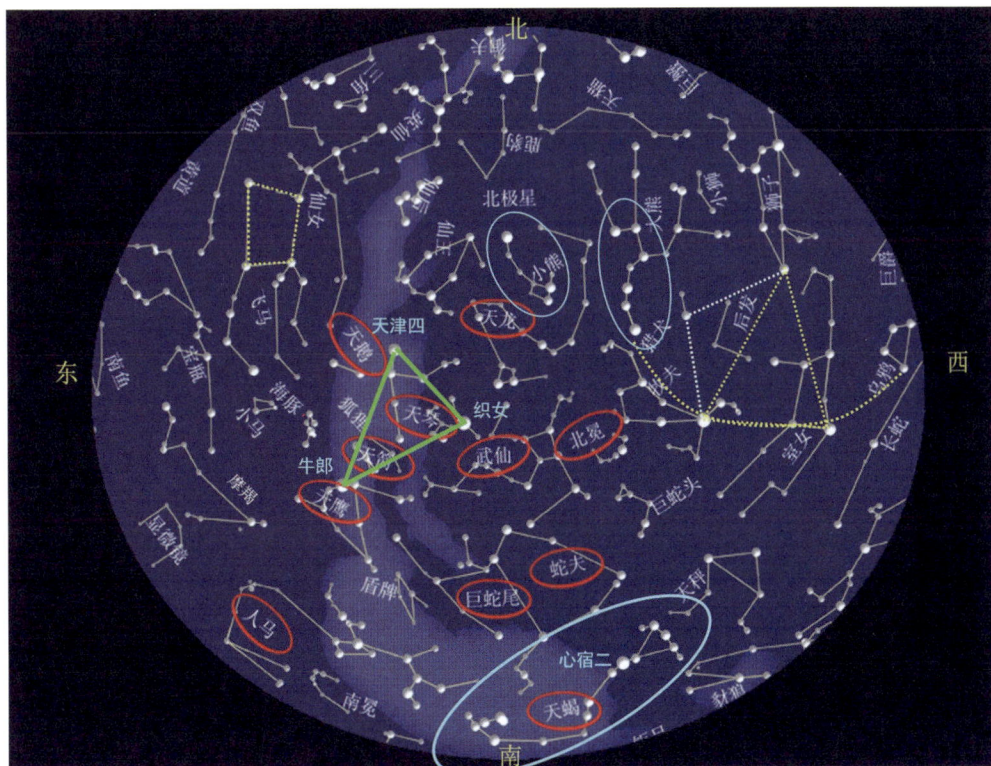

图 2.50　夏季星空图

1. 当季典型星座对应的主要亮星

观察夏季星座，初学者最好能把夏季主要星座与星座里的亮星对应
起来。

（1）夏季大三角（见图 2.50 绿色连线）

包括天琴座、天鹰座、天鹅座 3 个星座，其中每个星座有 1 颗一等
的亮星。如果用假想连线把这 3 颗亮星连接起来可以差不多组成一个直角
三角形，称为"夏季大三角"。夏季大三角的 3 颗星分别是：

① 天琴座第一亮星，天琴座 α（中文名织女一，俗称织女星，一等
亮星）；

② 天鹰座第一亮星，天鹰座 α（中文名河鼓二，俗称牛郎星或牵牛星，一等亮星）；

③ 天鹅座第一亮星，天鹅座 α（中文名天津四，一等亮星）。

（2）夏季银河上的天蝎座

天蝎座的第一亮星是天蝎座 α。天蝎座 α 中文名心宿二，俗称大火星，一等亮星。用望远镜观察，还会发现它旁边有一颗蓝色的伴星。

2. 不同纬度地区所见星座的高度区别

再来看一下在中国高、中、低纬度地区夏季观星所见星座的高度区别，见下列软件星空截图（图 2.51～图 2.53）。

在较高纬度地区，只能看到夏季大三角（图 2.51 中红圈所示），基本看不见天蝎座。

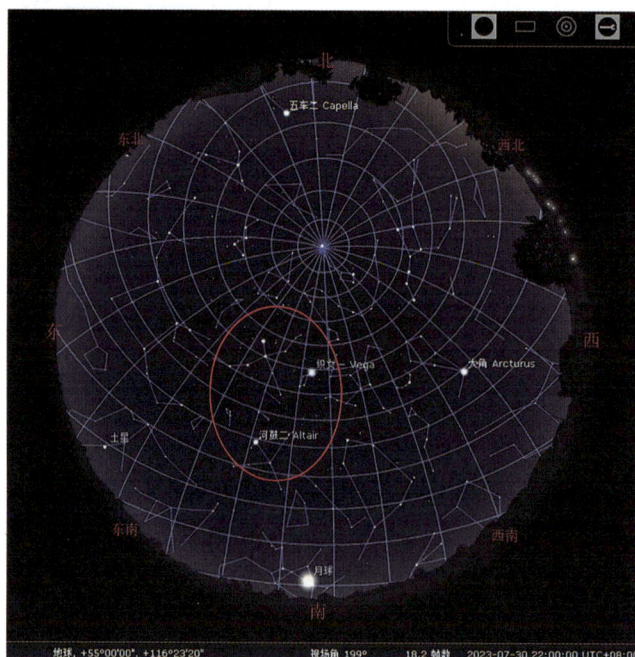

图 2.51　较高纬度地区（北纬 55°）观看夏季星座

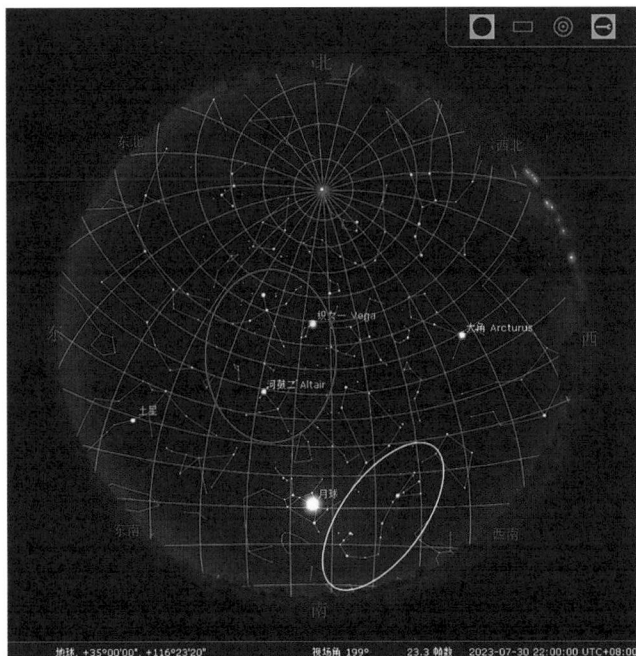

图 2.52　中纬度地区（北纬 35°）观看夏季星座

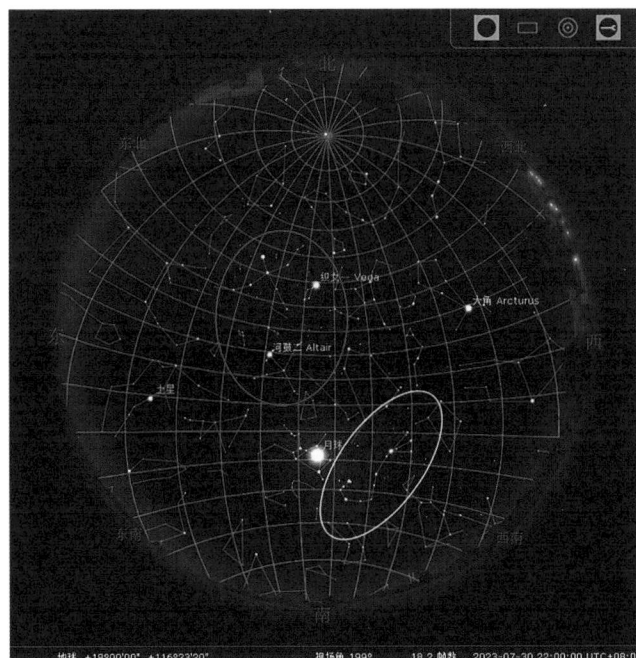

图 2.53　低纬度地区（北纬 18°）观看夏季星座

在中纬度地区，大约在 6 ~ 11 月傍晚，都可以在中高天空中看到夏季大三角，但只有在大约 6 ~ 8 月傍晚，才能在南方地平线附近看见天蝎座。

在低纬度地区，一年中有大半时间都可以看见夏季大三角，看到天蝎座的时间也比较长。

秋季亮星了无几？

金色的十月，秋高气爽，夜空晴朗而通透，是一年中观星的好季节。但秋季星空中的亮星不多，全天最亮星表里的 21 颗星中只有北落师门这颗一等亮星是北半球中纬度地区秋季可见的。由于北落师门所在的南鱼座里的其他星都很暗，所以北落师门好像孤零零一颗亮星处于接近南方地平线的位置。

秋季星空最明显的标志是飞马座和仙女座。飞马座的 3 颗亮星（α、β、γ，中文名分别为室宿一、室宿二、壁宿一）和仙女座第一亮星（α，中文名壁宿二）组成的四边形称为"秋季四边形"（图 2.54）。秋季虽然亮不多，但秋季四边形相对明显。要找到这个四边形，可以先找坐落在银河里的仙后座，顺着银河走向，可以看到仙王座和天鹅座，天鹅座的东南方就是秋季四边形。

1. 当季典型星系——仙女座大星系

秋季观星虽无显著亮星，但却有一个非常重要的看点——仙女座大星系。仙女座大星系原来称为仙女座大星云，"星云"变成"星系"的故事还得从小望远镜时代说起。那时候人们用小望远镜把能看见的星星都做了很详细的记录，发现有一类天体比较特别，那就是彗星。

古人用肉眼也能看到一些比较亮的彗星，它们不是星星那样的亮点，而是云雾状的一团，而且还拖着形状各异的尾巴。在小望远镜时代，当

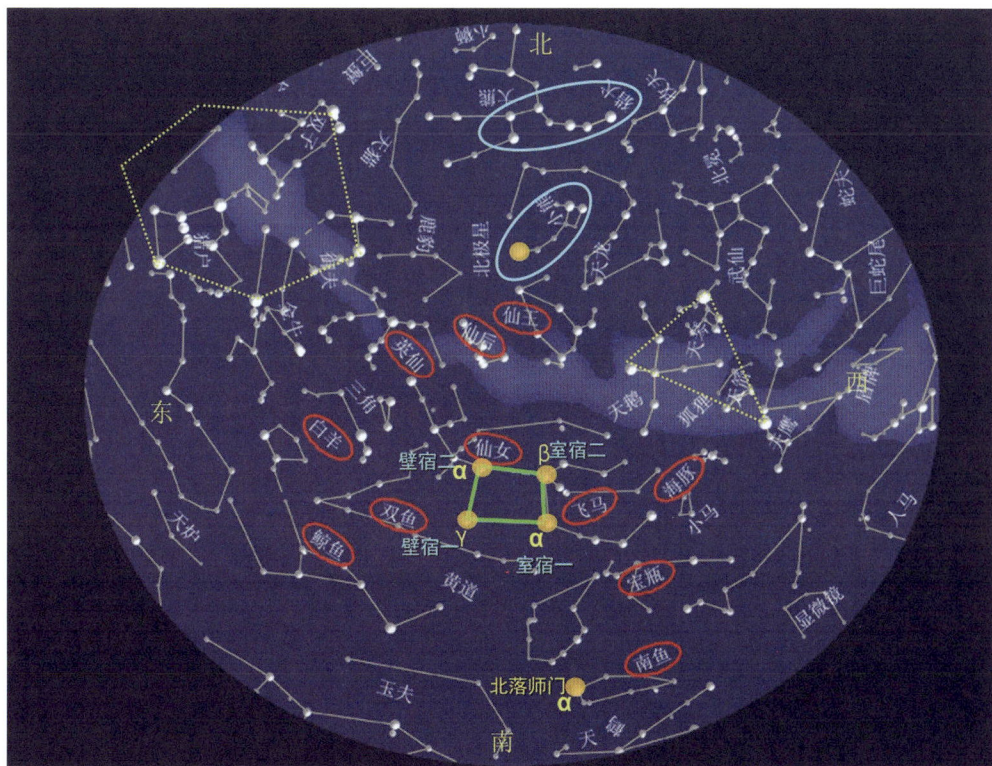

图 2.54　秋季星空图

彗星离太阳较远还没有尾巴的时候，人们就可以从望远镜里观察到一些模糊的、在恒星背景里移动的身影，这样就可以预报新彗星的到来。法国的"猎彗"能手 C. 梅西耶一生共发现了十几颗新彗星。18 世纪，他在寻找彗星的过程中把天空中一些云雾状的但不是彗星的天体编制为梅西耶星云星图表（简称梅西耶天体表）。

　　梅西耶天体指梅西耶星云星图表里的天体，这些天体以 M 加数字编号，共有 110 多个，是拥有小望远镜的天文爱好者非常喜欢的观测对象。梅西耶天体在恒星背景里不动也不拖尾巴，所以都不是彗星。只是由于它们是云雾状的，所以容易与彗星混淆。其中编号为 M31 的天体是仙女座大星云（因在仙女座方向而得名），亮度约 3.5 等，肉眼可见。

　　到了大望远镜时代，1922 ～ 1924 年间，天文学家 E.P. 哈勃使用当时世界上最大的 2.5 米口径的胡克望远镜，观察到了 M31 中的恒星，并计算了恒星与地球之间的距离，得出的结论让当时的人们大跌眼镜——M31 距离我们百万光年以上！这远远超出了当时人们知道的，我们自己所在的银河系的尺度（约 10 万光年）。从此，人们才知道银河系外还有其他星系级的天体系统——河外星系，仙女座大星云则变成了仙女座大星系。

在秋季星空里用肉眼寻找 M31，需要在非常暗的晴夜里，通过秋季四边形的对角线，沿壁宿二方向延长约一倍距离，在那附近找到一小团云雾状天体（图 2.55）。使用小望远镜会看得更加清楚，也可以选择在望远镜后面加相机拍照。

图 2.55　寻找 M31 的太空路径

2. 不同纬度地区所见星座的高度区别

与春季和夏季星座一样，身处高、中、低纬度的观察者，看到的秋季星座在当地天空的高度不同。比如高纬度地区看到的秋季四边形处于天空较低处，基本看不见北落师门；中纬度地区看到的秋季四边形处于天空中部（地平到天顶之间）的位置，北落师门在接近南方地平线处；低纬度地区看到的秋季四边形和北落师门都相对高一些。

冬季亮星聚来多？

冬季是观星的最好季节，因为冬季星空里有很多亮星和星座（图 2.56）。冬季里的典型星座是猎户座（主体对应中国的参宿，见图 2.57）。猎户座也是全天最雄伟的星座，有 4 颗亮星组成了一个很大的四边形，好像是猎户的左右肩和左右脚

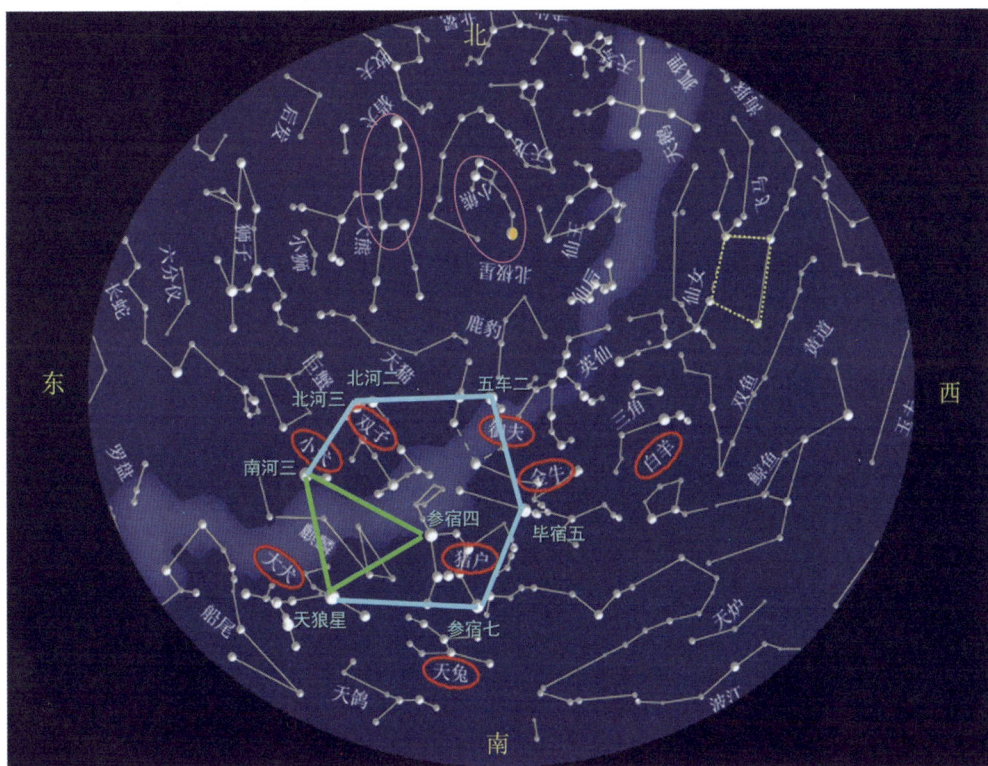

图 2.56　冬季星空图

图 2.57　猎户座与参宿对应星（上图关越拍摄）

（对应中国星名为参宿四、参宿五、参宿六、参宿七），在四边形的中间还有 3 颗亮星紧挨在一起，好像猎户的腰带（中国俗称"三星"，对应中国星名为参宿一、参宿二、参宿三）。

猎户座的以上 7 颗亮星，在中国一般城市里，地面灯光不是特别亮的地方，都可以看到。它们在每年 12 月晚上 8 点左右出现在东方，1 月晚上 8 点左右出现在东南方，2 月晚上 8 点左右出现在南方，以此类推，慢慢地向西移动，3 ～ 4 月天黑的时候它们就偏西了，5 月就看不到了。

冬季除了猎户座以外，还能看到很多亮星，比如全天第一亮星大犬座 α（中文名天狼星），以及冬季大三角和冬季六边形。

1. 当季典型星座对应的主要亮星

初学者最好能把当季典型星座与星座里主要的亮星对应起来。

（1）冬季大三角（见图 2.58 绿色连线）

包括猎户座、大犬座和小犬座 3 个星座，其中每个星座有 1 颗一等亮星，用假想连线把这 3 颗亮星连接起来可以组成一个三角形，称为"冬季大三角"。冬季大三角的 3 颗星分别是：

① 猎户座第二亮星，猎户座 α（中文名参宿四，一等亮星）；
② 大犬座第一亮星，大犬座 α（中文名天狼星，一等亮星）；
③ 小犬座第一亮星，小犬座 α（中文名南河三，一等亮星）。

（2）冬季六边形（见图 2.58 红色连线）

包括猎户座、大犬座、小犬座、双子座、御夫座和金牛座 6 个星座，其中每个星座有 1 颗一等亮星，用假想连线把这 6 颗亮星连接起来可以组成一个六边形（或菱形），称为"冬季六边形"。冬季六边形的 6 颗星分别是：

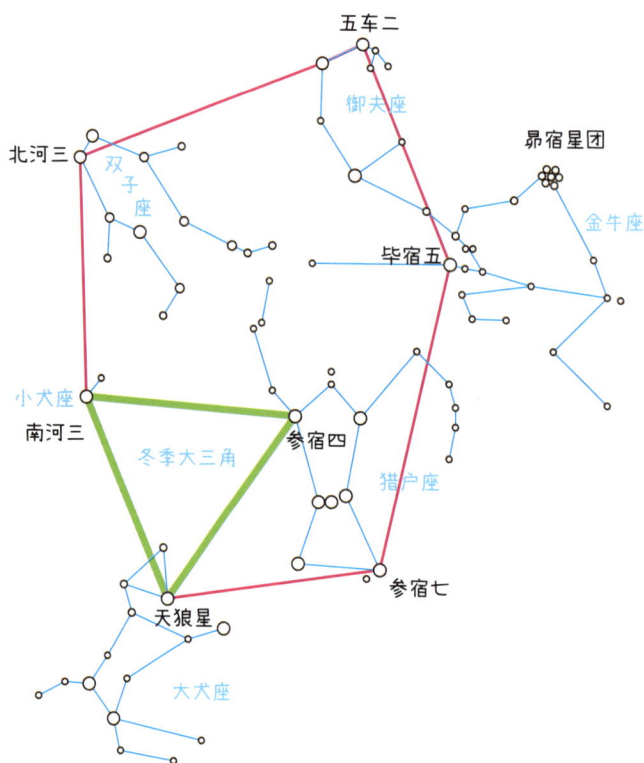

图 2.58　冬季大三角与冬季六边形

① 猎户座第一亮星，猎户座 β（中文名参宿七，一等亮星）；

② 大犬座第一亮星，大犬座 α（中文名天狼星，一等亮星）；

③ 小犬座第一亮星，小犬座 α（中文名南河三，一等亮星）；

④ 双子座第一亮星，双子座 β（中文名北河三，一等亮星）；

⑤ 御夫座第一亮星，御夫座 α（中文名五车二，一等亮星）；

⑥ 金牛座第一亮星，金牛座 α（中文名毕宿五，一等亮星）。

　　冬季是北半球中纬度地区能看到亮星最多也最集中的季节，6 个星座里包含 7 颗一等亮星，其中包括全天最亮的恒星（天狼星）和全天最雄伟的星座（猎户座，有两颗一等亮星），差不多占北半球全年可见一等亮星的一半。

图 2.59　北京延庆沈家营的冬季星座（关越拍摄）

3. 当季典型星团和星云

冬季里除了冬季大三角、冬季六边形这些显著的星座和亮星以外，在金牛座还有一个肉眼可见的星团，肉眼可以辨别出 7 颗星聚集在一起。此星团是梅西耶天体里的 M45，中文称昴宿星团（图 2.60）。如果用小望远镜观测昴宿星团，可以看到更多的恒星聚集在这里。

图 2.60　昴宿星团（关越拍摄）

此外，猎户座大星云（图 2.61）位于猎户座腰带三星的下方，是少数几个肉眼可见的梅西耶天体之一（M42），同时也是小望远镜观测和拍照的极好目标。

4. 不同纬度地区所见星座的高度区别

观察冬季星座与观察春、夏、秋季星座一样，身处高、中、低纬度的观察者，看到的冬季星座在当地天空的高度不同。比如高纬度地区看到的冬季六边形处于天空较低处；中纬度地区看到的冬季六边形处于天空中部（地平到天顶之间）的位置；低纬度地区看到的冬季六边形相对高一些。

图 2.61　猎户座大星云（关越拍摄）

哪些恒星永不落？

　　前面讲过，全部星空一般分为四部分，对应春、夏、秋、冬四个季节来观察（如图 2.62 中红圈区域为春季星空，黄圈区域为夏季星空，白色圈域为秋季星空，蓝圈区域为冬季星空）。大家一定发现了靠近北极点有一块区域（图 2.62 中蒙白色的区域）是四个季节都可以看见的，这个区域里的星星一直会在天上转圈（或者说永不落下），因为它们还没有落到地平线下就又升起来了，这部分区域称为恒显圈。

　　恒显圈与观测点纬度有关。例如，北极点的恒显圈就是纬度 0°圈，即 0°～ 90°的恒星都水平旋转，永不下落；北纬 40°地区的恒显圈是 50°，即纬度 50°～ 90°的恒星都围绕北极星旋转，转到地平线时并没有落下，而是又升起来了。

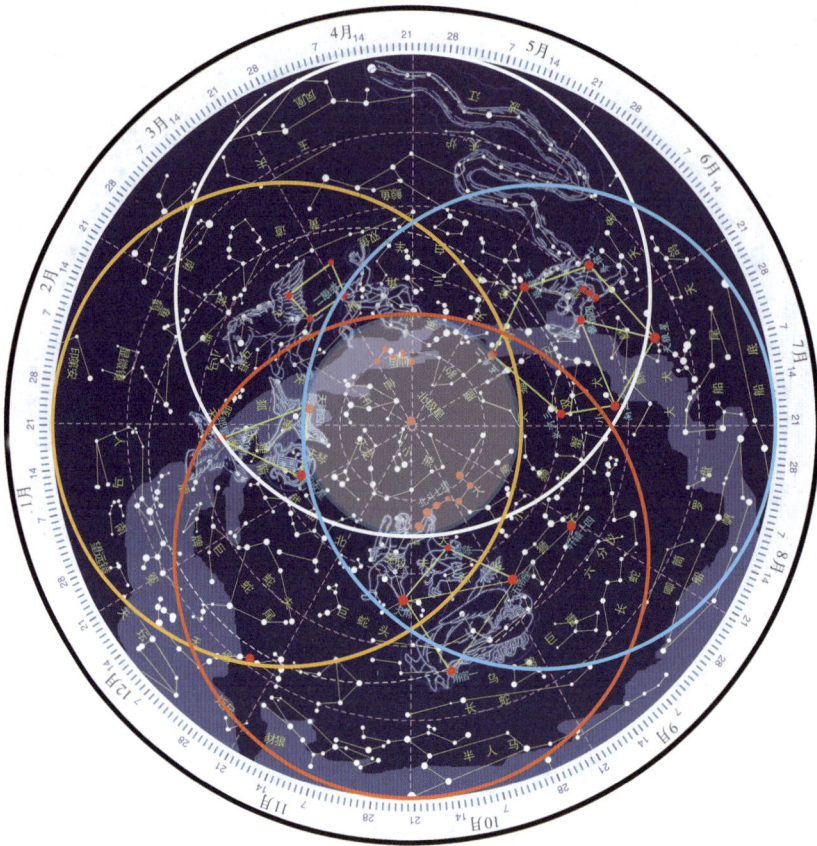

图 2.62　四季星空分布示意图

　　观看恒显圈里的星座，最好先找到北斗七星。北斗七星由 7 颗较亮的星组成，形状类似古代的斗，也像我们今天的勺子。假想把斗口的两颗星（天璇与天枢）连接并延长约五倍距离，即可找到北极星（图 2.63）。

　　在中国不同的纬度，例如高纬度地区、中纬度地区以及中国最南端的低纬度地区，看到北极星与北斗七星的高度是不同的，见下列软件星空截图（图 2.64 ～图 2.66）。

　　在中国最北端地区观星，你会发现极点附近几个较亮星座，包括大熊星座里的北斗七星都不会落下。也就是说，图 2.64 中黄圈里的恒星都不会落下。

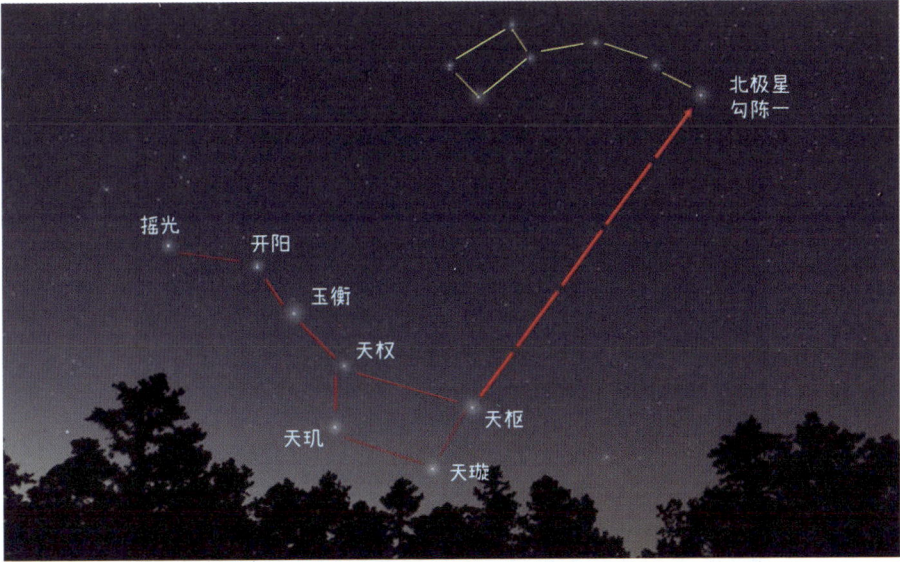

图 2.63　北斗七星与北极星在天空中的相对位置

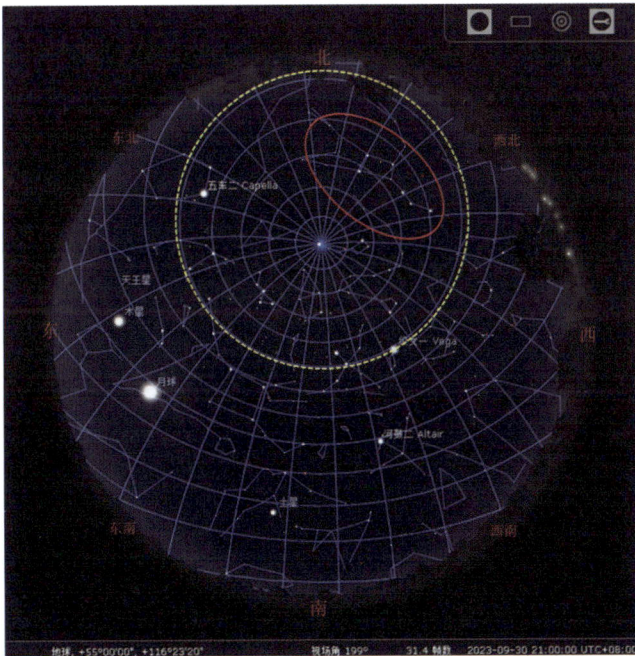

图 2.64　较高纬度地区（北纬 55°）的观星视角

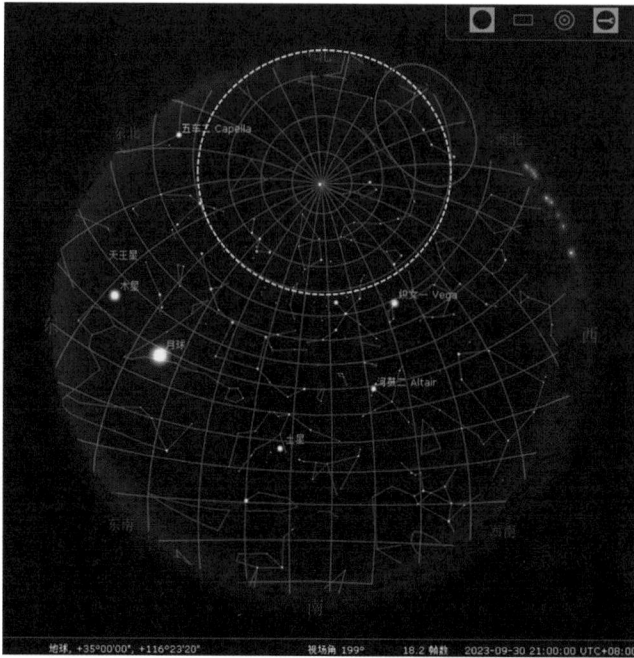

图 2.65　中纬度地区（北纬 35°）的观星视角

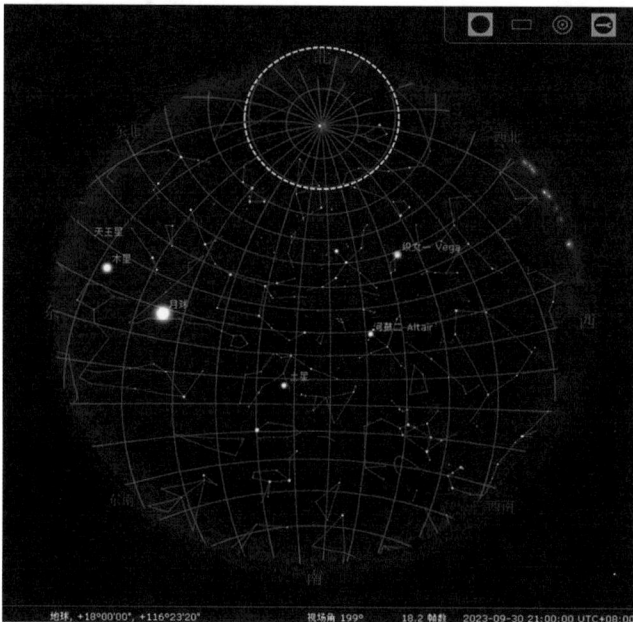

图 2.66　低纬度地区（北纬 18°）的观星视角

在北纬 35°地区观星，你会发现在北纬 55°地区可见永不落下的一些星（包括北斗七星中的几颗星，图 2.65 红圈所示）都会落到地平线下。图中黄圈里的恒星都不会落下，黄圈以外的恒星（包括北斗七星中的几颗星）都会落下。

在海南岛（约北纬 18°）观星，你会发现除北极星外的大多数星（包括全部北斗七星）都会落到地平线下，但图 2.66 中黄圈里的恒星不会落下。

北斗导航与北斗指路有关系吗？

北斗导航全称北斗卫星导航系统，是中国自行研制的全球卫星导航系统，也是继美国的全球定位系统（GPS）、俄罗斯的全球导航卫星系统（GLONASS）之后第三个成熟的国际卫星导航系统。北斗卫星导航系统的标志上有一幅北斗七星的图案，据官方网站解释："北斗星是自远古时起人们用来辨识方位的依据。司南是中国古代发明的世界上最早的导航装置，两者结合既彰显了中国古代科学技术成就，又象征着卫星导航系统星地一体，为人们提供定位、导航、授时服务的行业特点，同时还寓意着中国自主卫星导航系统的名字——北斗。"

北斗七星在古代几乎是人人皆知的方向指南。上一个问题中介绍的通过北斗七星找北极星就是最著名的寻北方法。在光污染比较小的地区观星，入门观察者通过北斗七星还可以找到更多的目标。例如春季大曲线可以把北斗七星与春季主要亮星联系起来。一些亮星与当季典型星座在一起的时候很好辨认，但单独出现时就不太容易辨认了。例如五车二是一颗冬季星座里很亮的星，虽然在冬季它很显眼，但到了 5 月，冬季其他星座都落下了，即使看到五车二也很难确定其身份。在这种情况下，使用北斗七星连线延长的方法就不失为一种在野外认星的好方法（图 2.67）。

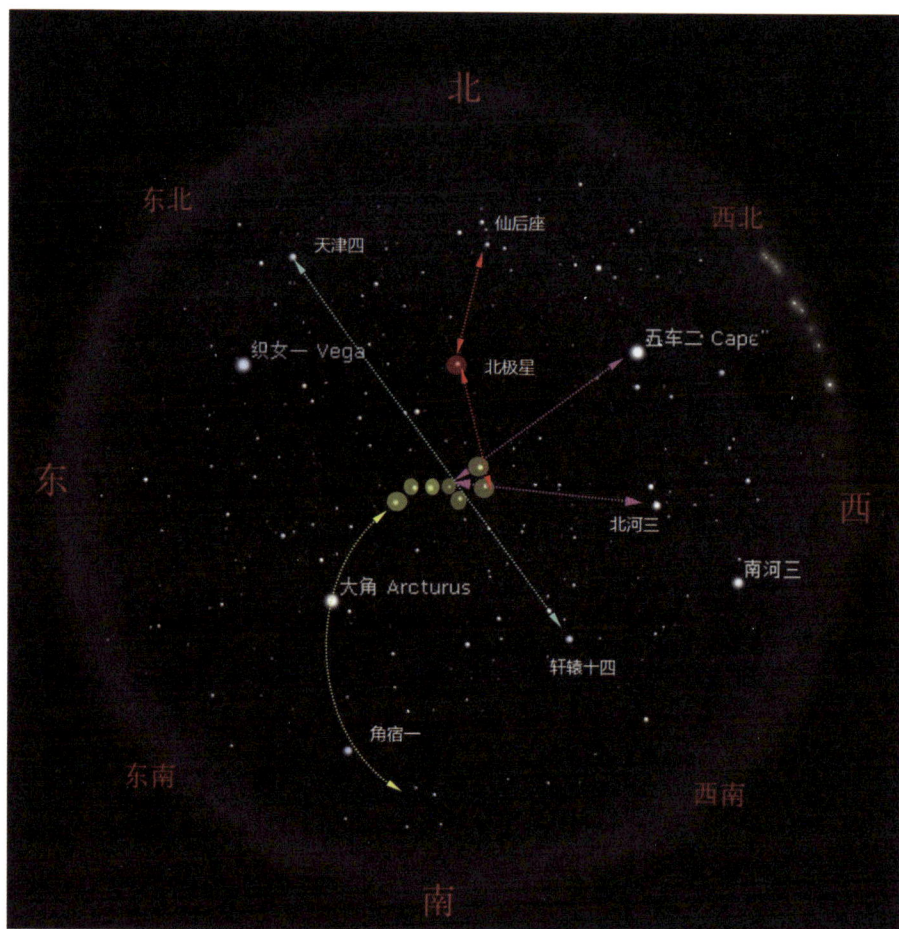

图 2.67　通过北斗七星指路可以认识更多亮星

北极星会轮流当吗？

根据史书记载和流传下来的中国古代星名，科学家发现做过"北极星"的不止一颗星，如右枢、帝星等都做过"北极星"。为什么有这么多的星做过"北极星"呢？难道"北极星"是轮换当的吗？人们通过长期观察，发现天上的恒星自古至今的分布都没有变，即恒星之间的相对排列位置没变。之所以有多颗星当过"北极星"，是因为北极点有变化。

我们知道地球是围绕自转轴旋转的，而这个自转轴的指向是天上的两极点（北半球看到的是北天极点）。然而地球的自转轴又好像陀螺一样，一边自转一边还在围绕黄道的极轴旋转（近代物理学称此现象为"进动"，见图 2.68）。然而地球这个"大陀螺"的自转轴绕黄道极轴旋转的速度非常缓慢，大约 26000 年才会转动一圈。这就使得我们看起来群星围绕其旋转的北极点在短时间（几百年）是不变的，但长时间（上千年）就有变化了。所以古人会隔几百年（或上千年）换一颗星作为指示北极点的"北极星"。

例如，历史上某时期，地球的自转轴指向当时的北极点（如图 2.69），人们就在北极点附近找了一颗比较亮的恒星作为那时候的"北极星"。

过了一段时期（大约一千年）以后，人们发现群星旋转的中心已经不在原来那颗"北极星"附近了，而是移到了天空的另一个位置。于是人们就在新北极点的附近找了另一颗恒星作为"新北极星"来指示新北极的方

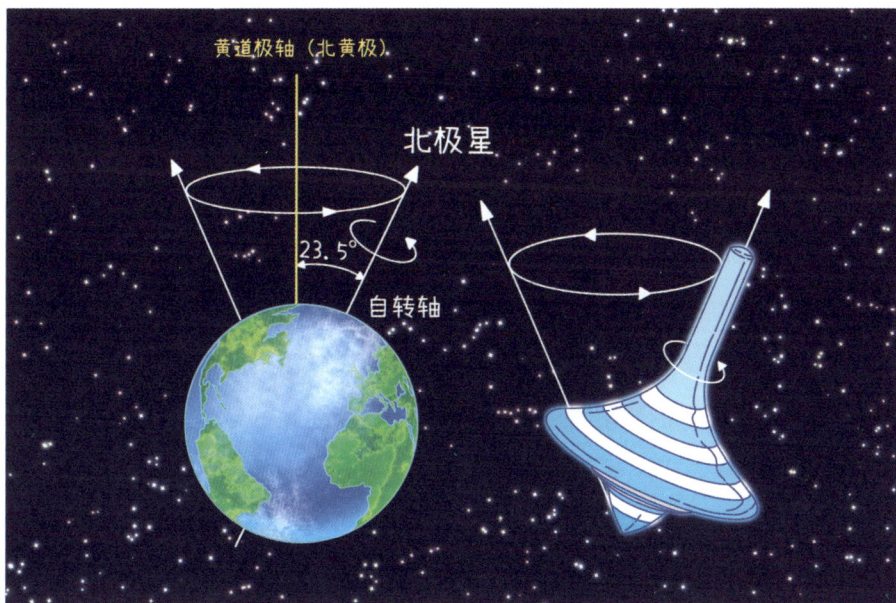

图 2.68　地球自转轴的进动示意图

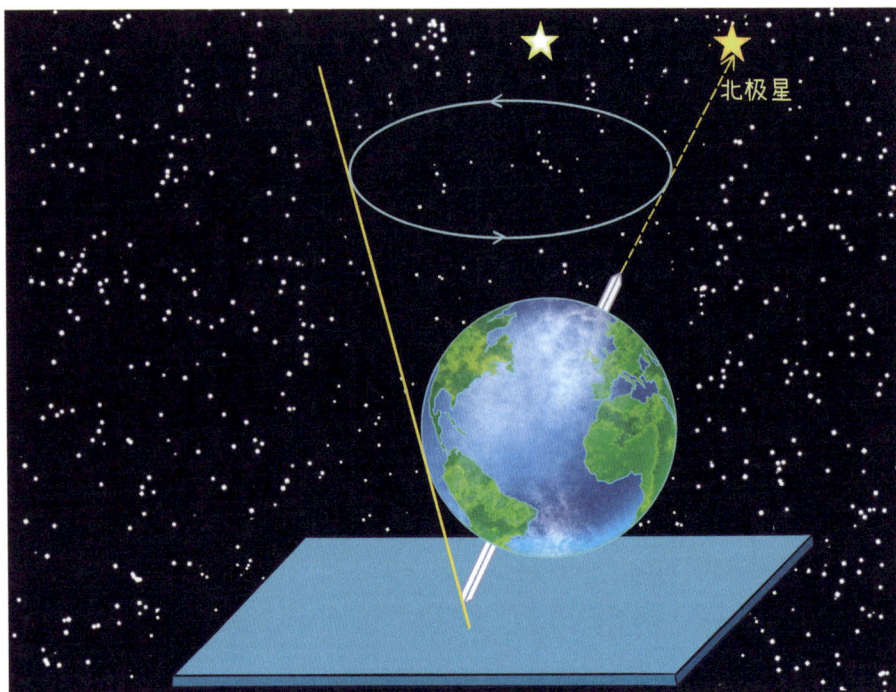

图 2.69　地球自转轴指向当时的北极点

向（如图 2.70）。

　　比较两个时期的天空背景，我们会发现天空中的恒星和星座的形状都没有变。曾经做过北极星的那颗星还在，星星之间的位置关系也没变，变化的只是用"新北极星"代替"旧北极星"指向新的北极点。

　　古人很早就发现了北极星以及黄道附近群星位置的系统（整体）变化，并通过数据的比较和推算，得出每年的变化量，这就是"岁差"。中国东晋天文学家虞喜在比较自己与前人观测记录的过程中发现了岁差，后由南北朝天文学家祖冲之首先将"岁差"引入到历法推算中。直到现在，我们的天文历法、天文星表等数据都必须定期进行岁差改正。

　　由此可见，中国观星历史的悠久和知识的积累传承极为重要。如果没有历代的观测和记录，单靠一代人甚至几代人，都不可能发现群星长周期的运动及变化。

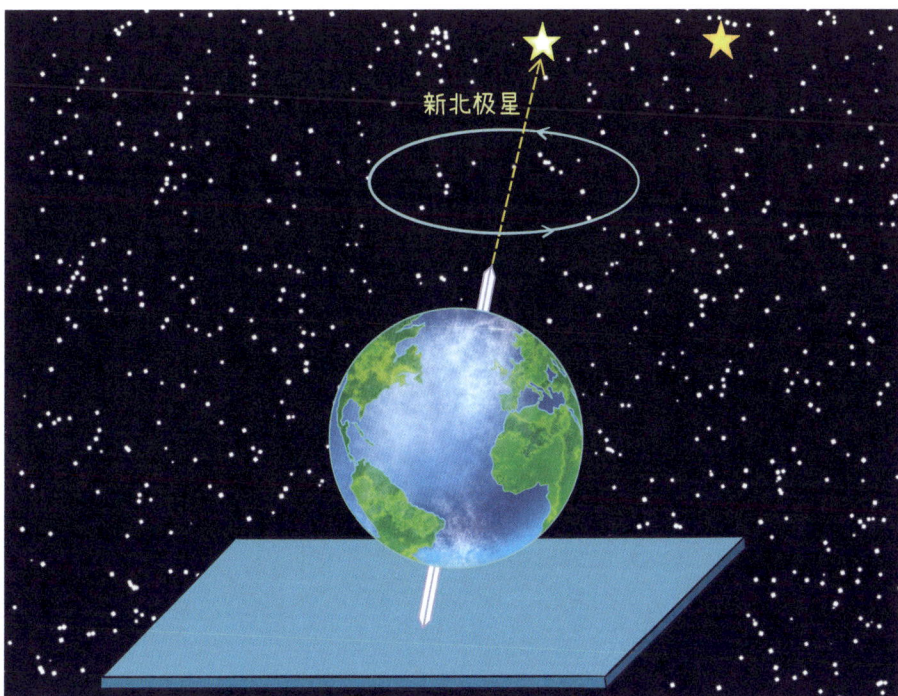

新北极星

图 2.70　地球自转轴指向新的北极点

黄道在哪里？

1. 黄道

人们很早就知道黄道是太阳在天空中走的"道"。现在我们知道，太阳在天空中是不动的，动的是地球。地球绕着太阳公转，一年转一圈。但我们在地球上却看到太阳在恒星的背景里缓慢地移动，一年转一周。这种由地球公转产生的看起来太阳在动的周年运动，称为太阳的周年视运动。太阳周年视运动在天球上的路径，就是黄道。也可以说，黄道是地球围绕太阳公转轨道在天球上的投影（图 2.71 中的黄色

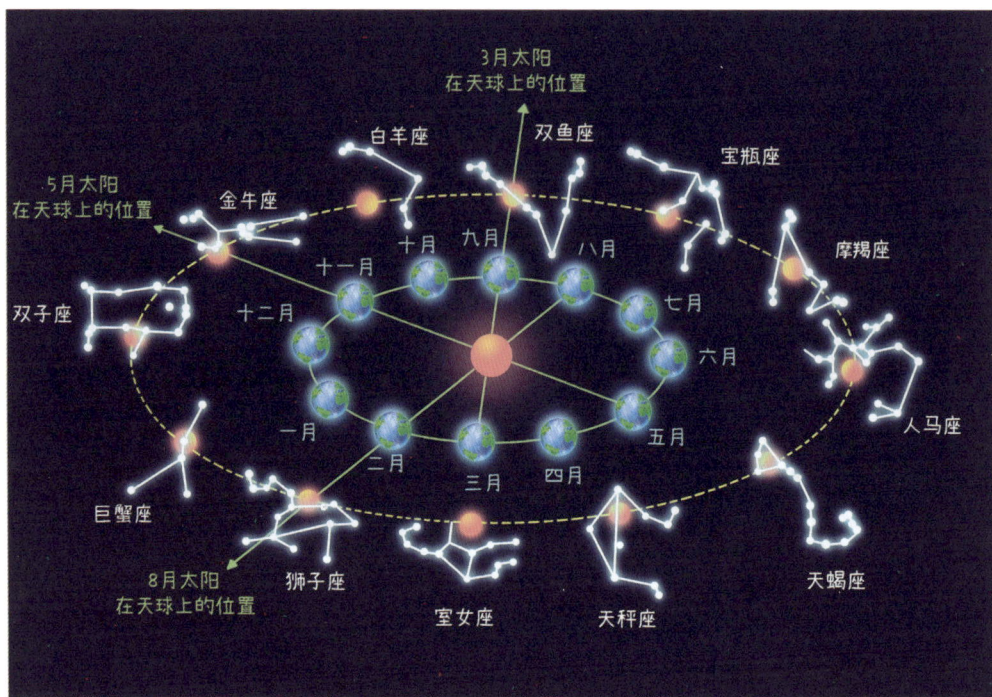

图 2.71　黄道示意图

虚线），是地球上观察到的太阳在星座里运动的路径。

2. 黄道星座

　　太阳在群星里穿行时所交遇的星座，称为黄道星座。或者说与黄道线交遇的星座都是黄道星座。古时候人们在黄道上认定了十二星座，所以也称为黄道十二星座。

　　需要说明的是，虽然人们知道太阳在群星（星座）里穿行，但太阳正在穿行逗留的那个星座是看不见的，只有太阳出了那个星座，人们才能根据多年观察的经验，知道太阳之前逗留在哪个星座。

黄道星座与黄道十二宫有关系吗?

黄道星座与黄道十二宫关系密切,但不是一回事。古巴比伦人通过对黄道及黄道星座的长期观察发现,太阳在一年期间穿行了黄道上的十二个星座,绕黄道运行一周。古巴比伦人把太阳看成阿波罗神,他们想象太阳神进入的地方应该是金碧辉煌的宫殿,因此就把黄道一周(360°)人为划分成十二等份,每等份(30°)为一段,又把每一段称为太阳的宫殿,所以就有了黄道十二宫(图 2.72 中等分的 12 个区域)之说。黄道星座分布在对应宫的区域但大小不一。

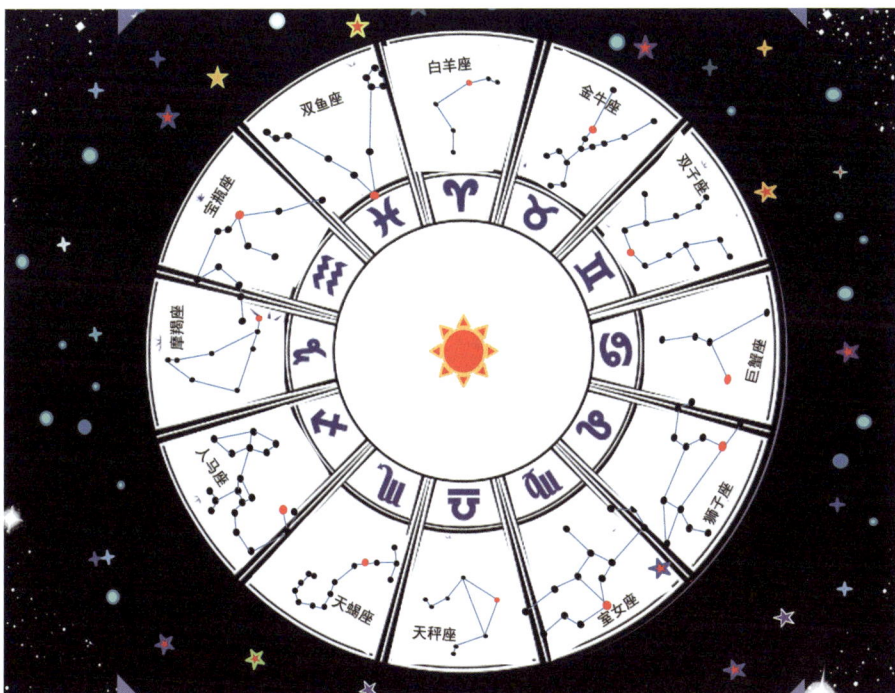

图 2.72 黄道十二宫和黄道星座

1. 黄道十二宫的划分

天空中没有参照物，每宫的 30° 怎样划分呢？起点从哪里算呢？古人知道春分点是黄道与赤道的交点，是可以观测和确定的空间点（图 2.73），于是将春分点选为黄道十二宫的起点，又因为古时候春分点在白羊座，所以白羊座就成为黄道十二宫的第一宫。每宫 30° 的度量则用数日子来计算。古人已经知道太阳在黄道转一周是 365 又 1/4 天，黄道一周的度数是 360°，差不多 30 天或 31 天的时间可以代表空间上的 30°，于是就有了用日期表示太阳在天空中某个宫的说法（见表 2.1）。

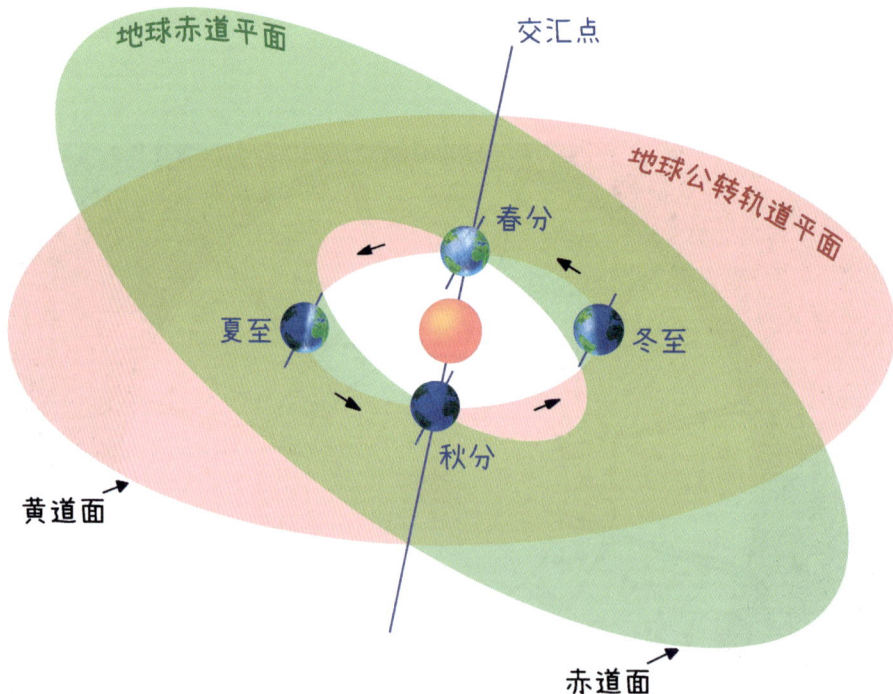

图 2.73　春分点示意图

表 2.1　古代日期与黄道十二宫度数区间

星宫名	黄道区间	公历日期	对应星座名
白羊宫	0°～30°	3月21日～4月20日	白羊座
金牛宫	30°～60°	4月21日～5月21日	金牛座
双子宫	60°～90°	5月22日～6月21日	双子座
巨蟹宫	90°～120°	6月22日～7月22日	巨蟹座
狮子宫	120°～150°	7月23日～8月22日	狮子座
室女宫	150°～180°	8月23日～9月22日	室女座
天秤宫	180°～210°	9月23日～10月22日	天秤座
天蝎宫	210°～240°	10月23日～11月21日	天蝎座
人马宫	240°～270°	11月22日～12月21日	人马座
摩羯宫	270°～300°	12月22日～1月19日	摩羯座
宝瓶宫	300°～330°	1月20日～2月18日	宝瓶座
双鱼宫	330°～360°	2月19日～3月20日	双鱼座

　　表 2.1 里的日期表示太阳在某宫里出入的时间段，代表的是黄道上大体 30°的空间，而不是完全吻合太阳在对应星座里的时间段。真实的星座有大有小，在天空中占有的宽度是不均等的（见图 2.72 外圈星座）。在古代这些日期里，太阳也只是大致在其对应的星座中，因为星宫与星座的宽度在古代也不是严格吻合的，只是大致在天空中同样的方向。社会上流传的日期与星座的关系是错误的，混淆了星座和星宫的概念。

2. 古代星宫日期无法对应现代星座

　　科学家后来发现地球除了自转、公转以外，还有另外一种运动，就是自转轴围绕黄道极轴的旋转，即地轴进动（见图 2.74 左）。地球自转轴围绕黄道极轴的旋转，过去几千年间在天空中划出了大约 30°的圆弧，地球自转轴指向北极的位置从古代的天龙座 α 变为现在的小熊座 α（见图 2.74 右）。

地轴进动的原理与陀螺的进动相同。在北半球看起来，北天极以北黄极为圆心，以23°26′为半径，自东向西作圆运动，已每年移动50.37″，周期为25800年。

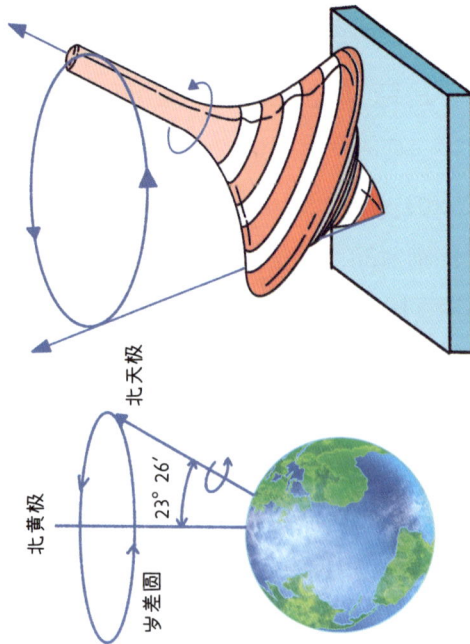

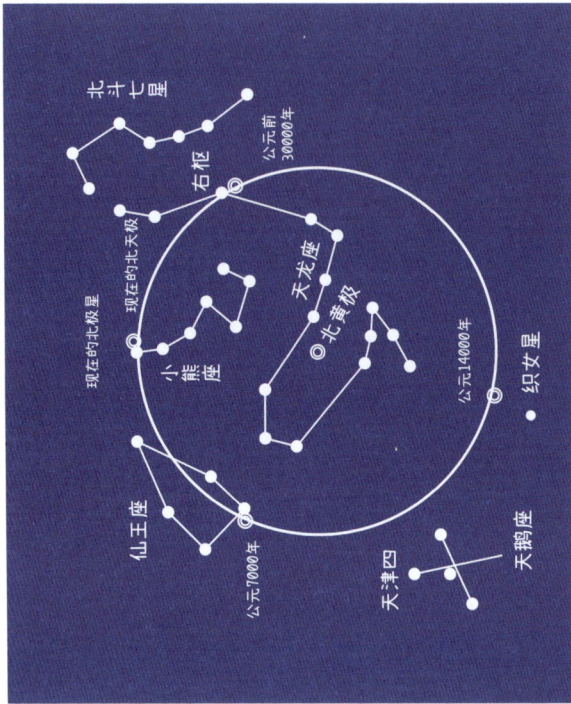

图2.74 地轴的进动（左）与北天极指向星空的位置变动（右）

由于地球自转轴指向的转动，我们看到的星座在黄道上也转动了大约30°。在古代，表示星宫的日期里基本对应着星宫背景里的同名星座，但现在这些日期里看到的不是古代背景里的那个星座，而是错开约30°的那个星座。也就是说，古代星宫的日期时间段与现代星座的方向基本上失去了对应关系，随着时间的推移，差距将越来越大。然而现在社会上流传的日期还是古代日期，在古代流传下来的日期里，已经越来越对应不上现在看到的星座了。

现代星座经过科学家的重新划分，不但有了区域的概念，而且黄道星座也做了调整。星座的区域是交叠的（图2.75），现在黄道上有13个星座（图2.76）。

3. 黄道星座与黄道十二宫的区别

▼ 黄道星座是自古以来存在的，黄道十二宫是后来人为划分的。

▼ 黄道十二宫的每一宫，命名时都借用了他们背景星座的名字，也就是当初黄道十二宫与其背景里的黄道星座是同样的名字。

▼ 黄道十二宫是等分的，每一宫都是30°，而黄道星座是不等分的，有的星座跨度大（如双鱼座），有的星座跨度小（如白羊座）。但在古代每一宫与其背景星座的方向基本上是对应的。

▼ 古代流传下来的太阳在黄道十二宫的日期至今没变，但由于存在岁差，太阳进入各星座的日期是逐年变化的。

▼ "出生日对应星座"的说法完全错误，实际上"出生日"即使在古代对应的也是"黄道十二宫"的日期，而不是当时太阳进入星座的真实日期。

▼ 在出生日期对应的宫（太阳所在的地方）的日期，看不见太阳背后的星座。也就是说，即使在古代，你生日时也看不到星宫背景里的星座。

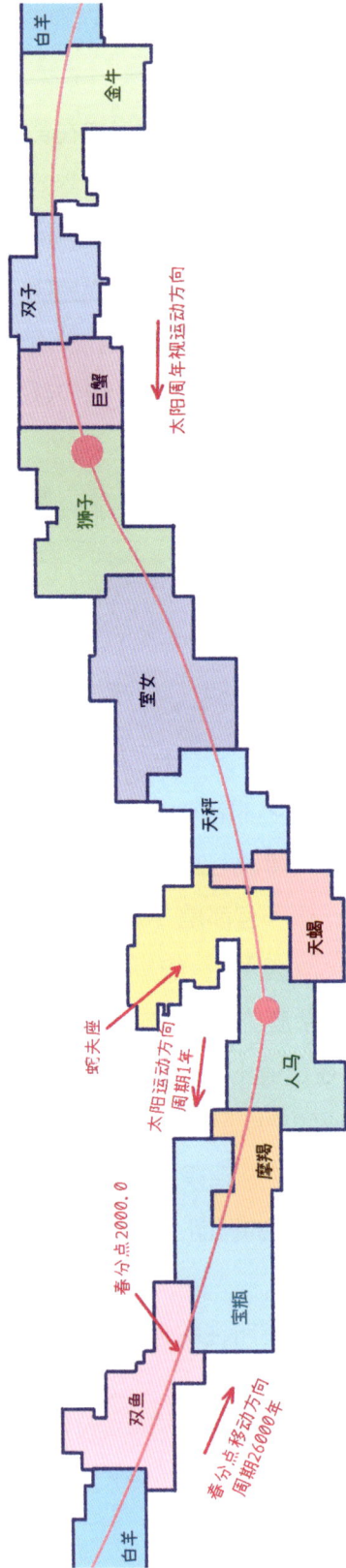

图 2.75 现代黄道星座划分拼图

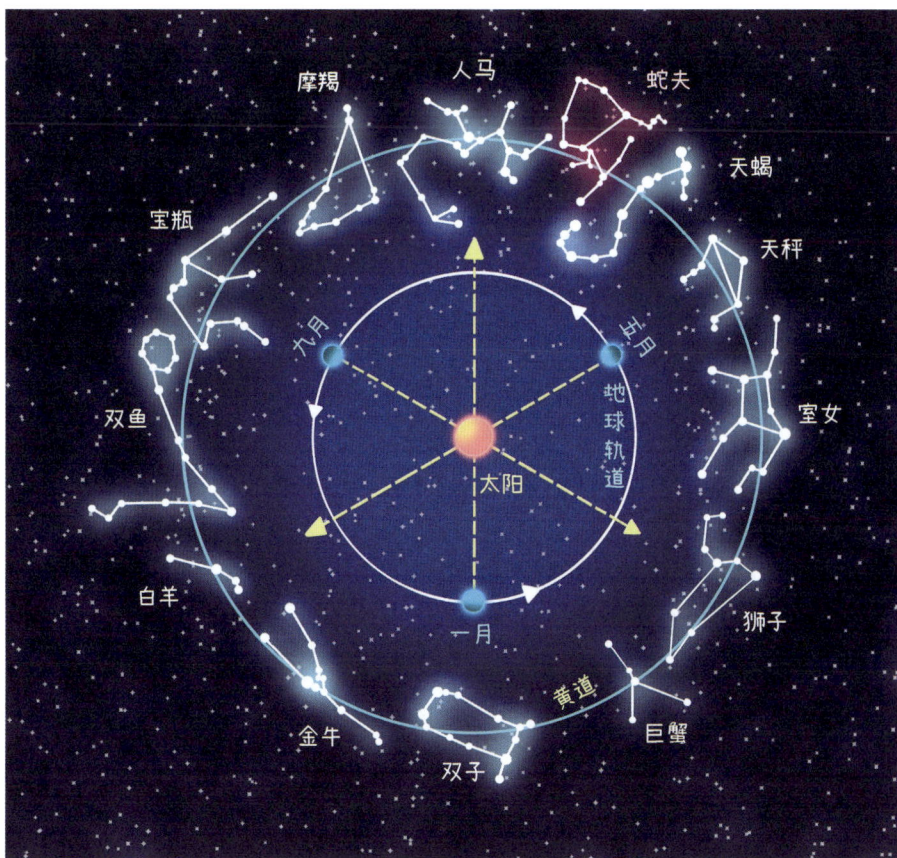

图 2.76　现代黄道 13 星座示意图

▼ 黄道十二宫现在与黄道上的星座因岁差①影响基本上已经错开，"出生日对应星座"的说法更无道理。

---

① 岁差：地轴进动的一种重要结果是黄道与赤道交点——春分点和秋分点沿黄道西移，以致太阳周年视运动通过春分点的时刻比回到恒星间同一位置的时刻早些，即回归年短于恒星年，这一现象称为岁差。

第三章

过「日」子

观察太阳和过日子有什么关系呢？

　　一提到观察太阳，很多人想到的是观察太阳上面发生的现象，例如太阳黑子、太阳磁场、太阳爆发等。这些现象固然很重要，也是天文学家正在研究的课题，但是对于普通人来说，与"过日子"有关的现象才是我们应该首先关注的。

　　很多人说，太阳不就是每天东升西落嘛，有什么可观察的？许多人几乎天天在阳光下生活，却没有认真观察过太阳每秒、每时、每天、每年的变化，因此也不知道太阳的运动里包含了多少奥秘。

　　那么，观察太阳能告诉我们什么呢？简单观察太阳，就能告诉我们大体的时间和方向，长期仔细地观察太阳，可以帮助我们了解季节变化的规律，从而推算回归年、制定历法等，以指导我们有规律地生活。现代科学发展更需要高精度的时间系统，以适应更深的空间探索和更远的宇宙远航。

　　本章我们先回顾古人从观察太阳过程中获得的经验和知识，讨论古人的成就带给我们的启发；然后认识现代人观察太阳和时间、历法的关系；最后讲述太阳对我们的生活产生哪些重要影响。

古人如何用"立竿见影"观察太阳？

白天太阳升高，光线变得非常刺眼，人们无法直视太阳。中国古人就想出了一个好办法——立竿见影，即在地上立一根竿子来观察其影子。通过观察竿影的连续变化，古人就能够更精确地了解"过日子"所需的时间、方向、季节等基本信息。

古人最方便使用的是现成的竹竿，"立竿见影"中的"竿"指竹竿。这个成语出自东汉魏伯阳《周易参同契》的"立竿见影，呼谷传响"，意思是在太阳光下竖起竹竿可立刻看到影子，比喻做事见效快。元代天文学家郭守敬创制的天文仪器——正方案，其核心原理是通过观测日影方位来确定地理方向。正方案的结构为边长四尺的方形底座，中心立有高 1.5 尺的测日标杆，通过 19 个同心圆规刻度观测日影轨迹（图 3.1）。

图 3.1 北京古观象台陈列的正方案（复原件）

1. 太阳影子的变化规律

古人大多数在室外劳作，他们发现树木、房屋、山体以及人体在阳光之下都产生影子。长期观察的经验告诉人们，太阳的影子随太阳的运动而变化，而且变化是有规律的。

一天当中，太阳的轨迹总是在天空中画出一个倾斜的半圆圈，而地面上物体的影子也会随太阳的运动而变化（图 3.2）：

▼ 早晨，太阳从东边地平线升起，影子长长地拖向西方；随着太阳不断升高，影子渐渐变短，影子指的方向与太阳的方位相反（太阳在东，影子朝西），同时影子的运动方向也与太阳的运动方向相反（太阳在天空中看起来从东向西运动，影子从西向东运动）；

▼ 正午，太阳运行到当天太阳轨迹圈的最高点，影子变到最短，指向正北；

▼ 下午，太阳在天空中看起来从南向西运动，其高度逐渐降低，影子的方向从指向北渐渐变为指向东，影子的长度也越来越长。

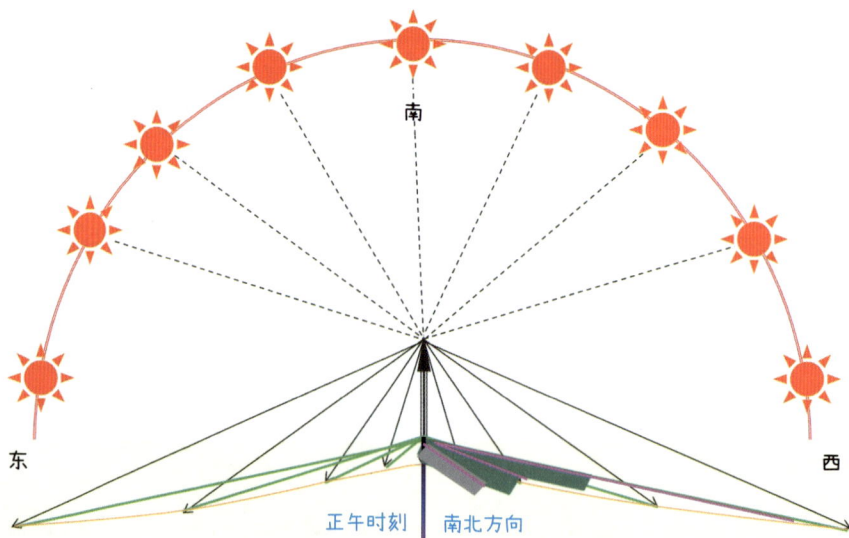

图 3.2　一天当中太阳的运动轨迹

2. 太阳轨迹圈的变化规律

长期观察太阳运行的轨迹（图 3.3），不难发现太阳每天东升西落的轨迹圈（包括太阳升起、落下以及到达最高点的位置）是类似的但不是重合的。太阳轨迹圈每天都在变化，而这个变化与季节有关。

一年当中，太阳轨迹圈每天都在变化，但每天都要经过最高点，且最高点的时刻是正午，方向是正南。比较每天正午的太阳高度信息，就可以得到一年中有关季节的变化规律：

▼ 一年当中，冬季的正午太阳比较低，日影比较长（冬至最低，日影最长）。

▼ 一年当中，夏季的正午太阳比较高，日影比较短（夏至最高，日影最短）。

▼ 一年当中，春、秋两季的正午太阳高度在冬至和夏至之间，日影长度也在冬季与夏季之间。

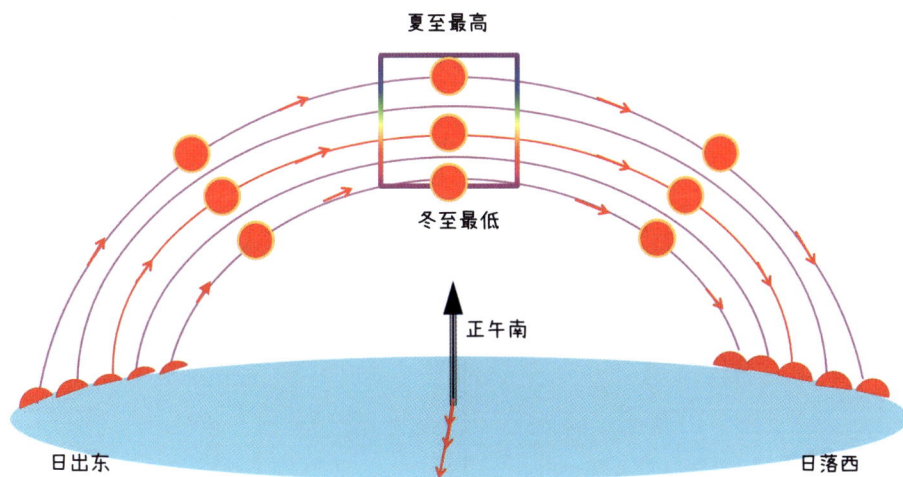

图 3.3 太阳轨迹及正午日影季节变化示意图

古人如何用"立竿见影"建造城池？

衣食住行是人类最基本的生存需求。"住"意味着需要建造房屋。早期古人搭建草棚即可居住，但随着古代文明发展到高级阶段，需要建造结实的砖石结构房屋或城池，这些牢固的建筑对设计、测量、建设有更高的要求。尤其重要的是，建造房屋首先要选择位置和方向。

据先秦时期《周礼·考工记》记载："匠人建国，水地以县（悬），置槷（意为柱子）以县，眡（视）以景（影），为规，识日出之景与日入之景，昼参诸日中之景，夜考之极星，以正朝夕。"这段记录说明了在周朝甚至更早期，建立王城时"正朝夕"（即确定东西方向）的方法。

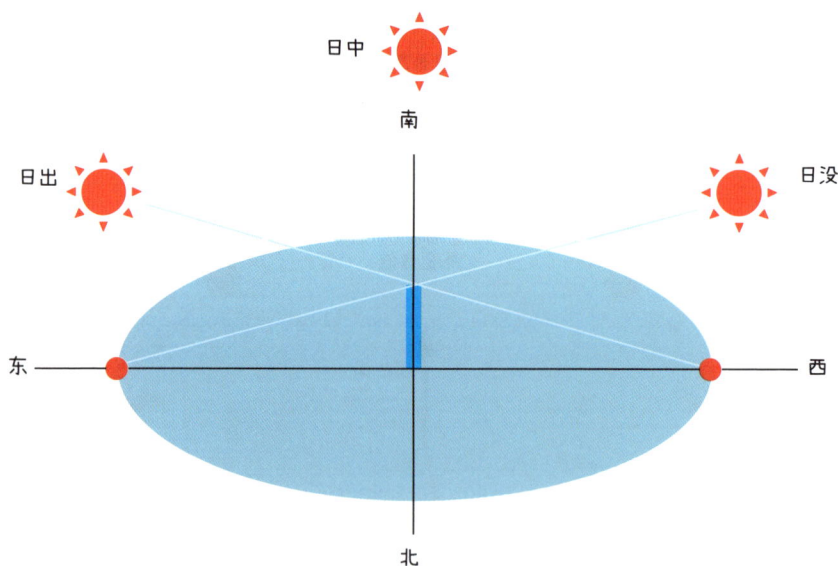

图3.4　通过测量朝夕日影确定东西方向

具体做法是：

▼ 首先，通过取水准的办法使待测点附近的地处于"水平"状态；

▼ 然后，"悬置"（即竖立）一根柱子，通过悬线（在柱子旁边挂的一根拴着重物的线）方法使柱子"垂直"于地面；

▼ 同时"为规"，就是用圆规作圆，圆心在柱子中心处；

▼ 之后，把日出和日没时柱影与圆周相交的两点标记下来，这两点连线的方向就是东西方向（如图3.4所示）；

▼ 最后，白天参考日中时的柱影方向，夜晚参考北极星的方向，如此得到较为准确的东西方向。

这种测日影、定方向的方法源自长期实践总结出来的规律，是立竿见影的应用之一，也是确定准确方位的早期方法。中国先民主要发源地是北半球中纬度地区，王城讲究坐北朝南，所以建城的方向非常重要（如图3.5）。后来，包括民居在内的普通建筑也都采用这种方法确定方位。

中国的"中"字也与立竿见影有关。"中"字在最早金文（铜铸铭文）里的写法是一个圆圈中间树立一个竿（图3.6），竿的上下对称地系有悬绳。悬绳用来悬吊重物以保持垂线，从而校准竿的垂直度。由此可见，"中"字里包含了画圆、平地、立竿、测影以及定向等建筑用的重要信息。

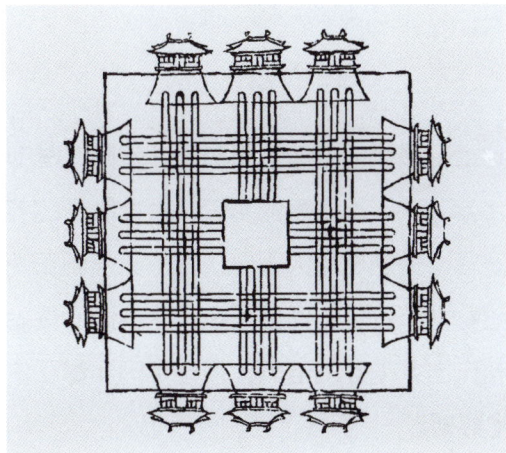

图3.5 根据《周礼·考工记》绘制的周王城图　　图3.6 古代金文的"中"字

圭表是怎样从"立竿见影"发展而来的？

1. 什么是圭表

立竿见影只需一根竿即可，而要测量竿投在地上的影子就需要在地上划线。为了测得准确的数据，古人用水找地面的水平，以确保地面平整，并在水平的地面上放置一个始终朝向南北的、有刻度的板。接着，在水平板的一端垂直竖立一个竿。这样，板和杆就组合成一套测量仪器。

这个垂直立于水平板上的竿子（或柱子），用于测量日影，称为"表"。与表连接、正南北方向水平放置在地面上的刻度板，用于测定日影长度，称为"圭"（图 3.7）。

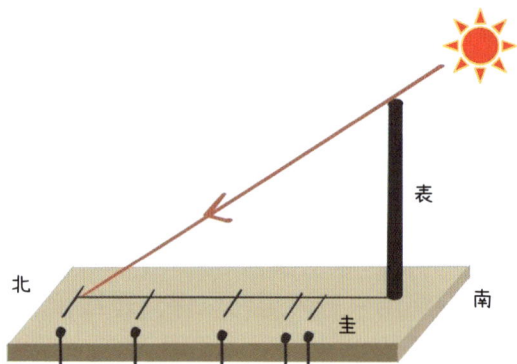

图 3.7　圭表原理图

2. 圭表的应用

圭表是古人在立竿见影的基础上，最早创造的测量时间、方向、季节的天文仪器。当太阳照在表上时，圭上就出现了表的影子，根据影子的方向和长度，就能得出时间和方向信息。特别是每天正午，日影会落到正南北方向的圭尺上，日影的长度会随着季节变化，而且是在一年中周而复始地变化。发现这样的规律使古人制作出更精致的圭表，用于专门测量正午日影的变化，从而得出一年的变化数据。

古人约定俗成地沿袭使用 8 尺高（大约是人体的高度）的表。在中纬

图 3.8　北京古观象台陈列的圭表

度地区，8 尺高的表每天正午表影在圭尺上的变化是寸的量级，所谓"一寸光阴一寸金"，说的就是每天日影在圭尺上变化的幅度。人们通过圭尺上的刻度，就能读出表影的长度，从而知道季节的规律。

圭表是怎样传承与创新的？

虽然圭表的起源很早，应用也很普遍，但古代典籍里的记载却很少，实物遗存也不多。现在我们看到的古代保留下来的实物圭表，一般都是明清时期铜铸的仿古复制品。

圭的变化是在表面设槽，使用时需要在槽中注水调平，且圭面上的刻度非常精细（图 3.9）。表的变化是在柱子上加一个横梁（见图 3.10 左图），或者在柱子上加打孔的铜叶（图 3.10 右图）。

图 3.9　圭表上的精细刻度

图 3.10　两种变化的圭表
（左：北京古观象台陈列的圭表，右：南京紫金山天文台陈列的圭表）

1. 陶寺圭表

目前出土最早的实物圭表发现于山西襄汾陶寺遗址，这件圭表（见图 3.11）推测来自距今 4000 多年前的夏代或先夏时代。其中一支残长 214 厘米，涂红色漆；另一支残长 171.8 厘米，漆杆上分布着长度不均等的黑、石绿和粉红三色环状色带。

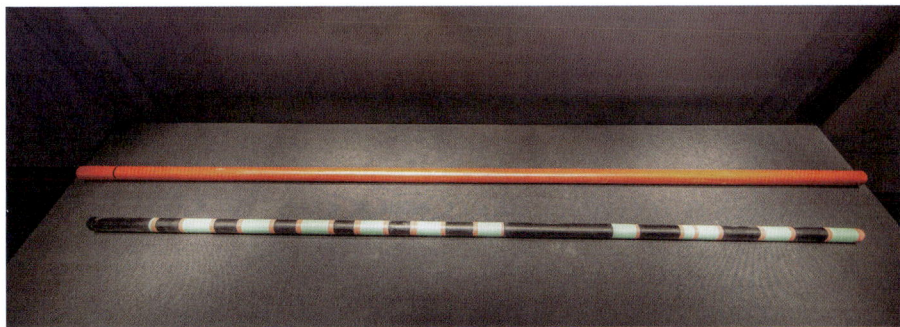

图 3.11　陶寺遗址出土的圭表（复制品）

科学家利用复原的陶寺圭表进行观测实验，发现测量结果与当地季节吻合。这表明 4000 多年前的中国先民已经能够制作工具来测量日影，获取节气数据，并据此编制历法，以指导他们的日常生活。

2. 周公测景台

周公测景台位于河南登封观星台的南侧。据《周礼》记载，西周时期，周公姬旦于此处垒土圭，立木表，以测量日影、定节气。当地县志也记载周公修建此台的目的在于"测土深，正日景，求地中，验四时"。这间接证明了周朝以前人们已经能够用土圭立表来测影、验时、定季了。

周公测景台的原物已不复存在，现存的周公测景台是唐开元十一年（723），天文学家一行组织天文大地测量时，为了纪念周公在此地测影，特在原址处重建的石圭石表（图 3.12）。

图 3.12　位于河南登封观星台南侧的周公测景台，是唐代仿旧制建造的石圭石表，保留了周代以来八尺圭表测影的制度

3. 其他古代圭表实物

现存比较著名的古代圭表实物，还有西汉的汝阴侯墓圭表（图 3.13）和东汉的仪征铜圭表（图 3.14）。其中汝阴侯墓圭表能指示冬至、春分、夏至和秋分四个节气，仪征铜圭表是一件便携式的测影仪器，其尺寸为传统固定式圭表（表高 8 尺）的 1/10，这是对传统固定式圭表尺寸的传承。

图 3.13　汝阴侯墓圭表

图 3.14　仪征铜圭表

小孔成像加入高表测量为什么能提高测量值的精度？

1. 高表和景符的发明

由元代科学家郭守敬主持建立的河南登封观星台是中国现存最早的古代天文台，也是世界上重要的天文古迹之一。观星台建筑本身相当于一个测量日影的圭表。高耸的城楼式建筑相当于一根竖在地面的表，表上面加了一道横梁，合称为"高表"（总高 40 尺），台下有一个石砌的长堤（长 120 尺），作为高表的"圭"（图 3.15）。

郭守敬把传统的 8 尺表加高到 40 尺（即增加了 5 倍），表影的长度也增加了 5 倍。这反映了郭守敬对误差的正确理解，即较长的表影测量时误差所占比例较小。但表的增高带来了虚影增大的问题。为此郭守敬发明

图 3.15　河南登封观星台的高表和圭

图 3.16　景符复制品（北京天文台提供实物拍摄）

了"景符"（图 3.16）这一测日影的辅助工具，大幅度提高了影长测量值的精确度。

高表配景符是郭守敬对圭表的创新设计。郭守敬将在此基础上测量的高精度数据以及其他测量的数据汇总起来，于 1281 年编制出当时世界上最先进的历法《授时历》。《授时历》求得的回归年周期为 365.2425 日，与 1582 年西方出现的格里高里历具有相同精度。

2. 景符如何利用小孔成像原理解决虚影问题

中国战国初期学者墨子和他的学生完成了世界上第一个小孔成倒像的实验，解释了小孔成倒像的原因，指出了光沿直线传播的性质。

郭守敬利用小孔成像的原理制作了景符。景符是一个打了小孔的铜片，被安装在一个可在圭面上滑动的底座上。在河南登封观星台进行的测量中，景符被放置于圭面上滑动，横梁通过小孔成的像落在圭面上，这时可以在圭面上看到小孔成像的光斑中间有一条细细的横丝（即横梁的影子）。测量这条细丝到表基的长度，就能得到表的影长（图 3.17），其测量精度比没有景符测量时的数据提高了 1 ～ 2 个数量级。景符的发明使我们获得了当时世界上精度最高的回归年长度值。

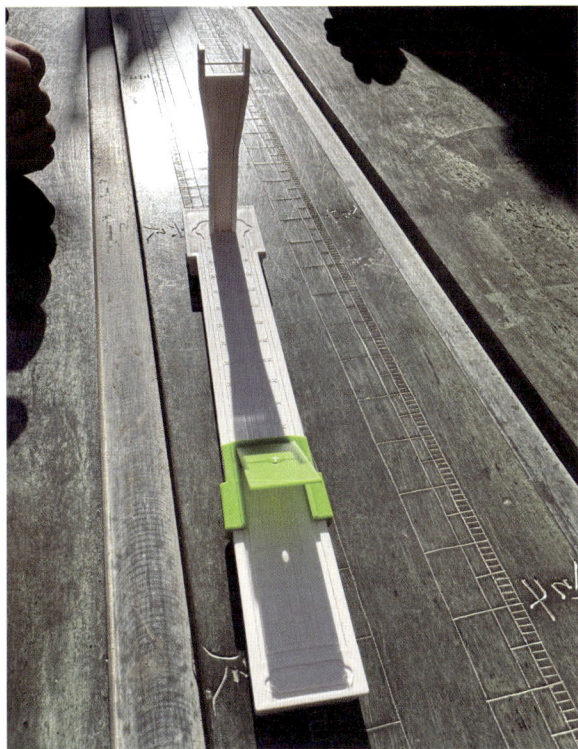

图 3.17　景符用小孔成像原理解决虚影问题的模型展示

　　郭守敬在总结前人工作的基础上，不仅抓住了问题的要点，还进行了创新。这种科学思维值得我们学习。我们祖先使用的"立竿见影"的测量方法，其工具很简单，仅包括一个圭和一个表，而且表只使用其顶端。郭守敬在"立竿见影"的基础上用横梁代替表高、用景符的小孔给横梁成像，有效地解决了多年来立竿见影的虚影问题，提升了测量的精度。

3. 高表加景符测量日影的实验

　　我们可以在房间里模仿郭守敬高表加景符测量日影的实验（如图 3.18）。

这个实验不用暴露在室外阳光下，也不必做实物圭表，只需要把以下 3 个模拟的物件放到合适位置组合起来测量即可。

- 模拟高表横梁：在朝阳的玻璃窗上横贴一条细线，也可以找一个高处的横杆；
- 模拟景符：做一个开小孔的纸屏，安装在一个盒子上；
- 模拟圭面：在测量水平面（可以用桌子代替水平面，方便操作）的后端平放一张纸屏，用于接收小孔成像的光斑。

图 3.18　模拟高表加景符的测影实验

实验时可以把模拟景符放到测量水平面上，把打小孔的纸屏对准太阳方向，然后调整纸屏角度，让太阳和玻璃窗上的细线都通过小孔，即可从后端的像屏上看到太阳的圆形像斑里有一条细线。此时玻璃上的横线到成像纸屏间的垂直高度就是表高（图中黄线所示），窗玻璃（注意考虑窗台）到太阳像斑里细丝间的距离就是影长（图中绿线所示）。

这个方法可以测量任何时候的太阳影，如果能确定南北方向，就可以做圭表用，测出高精度的正午太阳影长。

图 3.19　2024 年冬至，北京古观象台的工作人员利用景符在圭表上进行日影测量

日晷与立竿见影有关系吗？

日晷的本义是日影，"晷"意为"影子"。后来，日晷专指古人利用太阳周日视运动的日影变化，测量白天时间的计时仪器，又称日规或日晷仪。日晷的原理同样是立竿见影，即利用太阳影子一天中有规律的变化来测定并划分时间段。日晷由晷针和晷面组成，其中晷针相当于圭表的表，晷面是带有刻度的圆盘。

早期的日晷类似太阳钟，在我国古代很早就普遍使用。然而，史籍中关于日晷的记载却很少。现存史料中最早的记载是《汉书·律历志》一节，太史令司马迁建议"乃定东西，主晷仪，下漏刻"。《汉书·艺文志》中列有晷书 34 卷，但仅存书名，而无内容。《隋书·天文志》中记载了耿询的成就，指出观测日晷和刻漏是测天地、正仪象的根本。《明史·天文志》中详细记载了日晷的形制和测量方法。到了清代，日晷不仅继续发挥着计时的功能，而且其本身也演变成了一种装饰艺术品。

日晷的使用是人类在天文计时领域的重大发明，它不仅在中国古代得到了广泛应用，同样在西方古代也非常普遍。

日晷根据晷面的放置位置、摆放角度、使用地区等不同，可以分为多种类型，包括地平式、赤道式、子午式、卯酉式、立晷等。接下来，我们将简要介绍地平式日晷和赤道式日晷，这两种是最具有代表性的日晷类型。

1. 地平式日晷

日晷是人类从观察到阳光下竖直物体影子随时间变化的方向而受到启发，进而发明的一种计时仪器，因此地平式日晷可能是最早的日晷类型。地平式日晷的表影随太阳转动的角度变化是不均匀的，因此指示的时间也是不均匀的，如果采用均匀刻度指示时间会带来相当大的计时误差。这是地平式日晷的缺陷。

人们在使用中发现了这个问题，所以在不断摸索中不再使用均匀刻度的表盘，而是根据表影早晚变化快、中午变化慢的特点，改用不均匀的表盘时间线（图 3.20）。由于制作精确的表盘时间线存在一定难度，这可能导致在中国古代，地平式日晷的使用并不广泛。

图 3.20　地平式日晷

2. 赤道式日晷

赤道式日晷俗称斜晷，是中国古代最经典、最传统的天文计时仪器，也是世界上最重要和最常见的计时仪器。赤道式日晷的明确记载初见于南宋曾敏行《独醒杂志》卷二，书中记载的晷盘是木制的。后世改用石质晷盘、金属晷针，北京故宫博物院保存的日晷就是清代制造的石质赤道式日晷。

赤道式日晷需要根据安放地点的不同，将晷面倾斜放置，以确保其倾斜角度与当地太阳运行轨迹的倾斜角度相一致。晷针安置于晷盘中心且与晷盘垂直。这样，太阳做周日视运动时照射到晷针的影子，其转动速度与太阳视运动的速度一致、其转动方向与太阳运动的方向相反。也就是说影子在晷盘上转动的角度是均匀的，故晷盘上的刻度可以等分，指示的时间也是均匀的。

　　赤道式日晷的缺点是夏季和冬季晷针投影在晷盘上的影子会分别出现在晷盘的正面（图 3.21）和背面（图 3.22），故晷盘的两面都需要均匀一致的刻度，晷针也需要从中心穿透，两面使用。

　　下面用现代三角学和地理纬度的概念，简述赤道式日晷的安装和使用特点（图 3.23）。假设安装地的地理纬度为 Φ（如北京为 40°）：

图 3.21　赤道式日晷正面

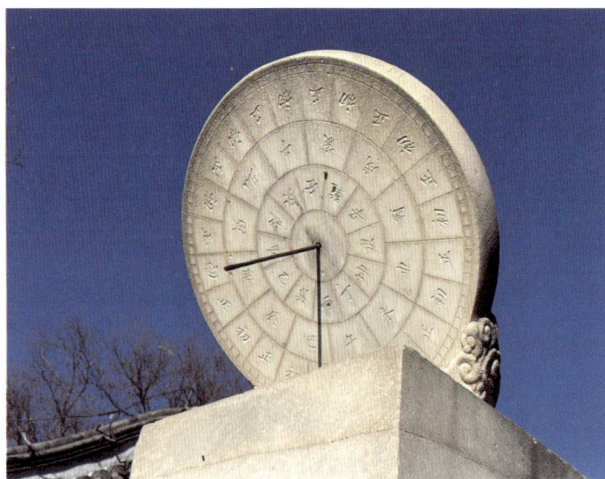

图 3.22　赤道式日晷背面

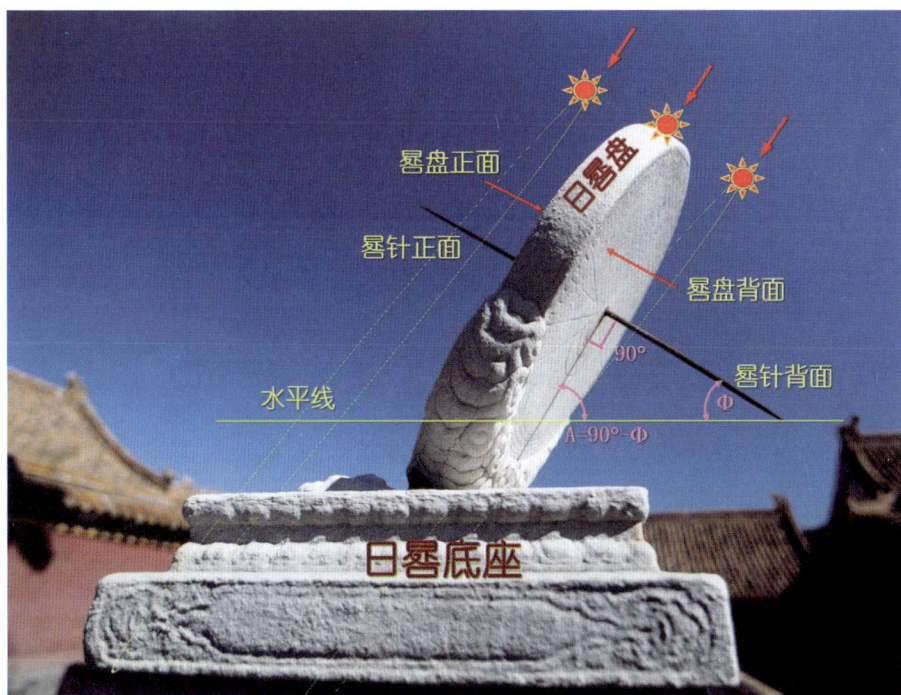

图 3.23 赤道式日晷安装使用示意图

▼ 晷盘与水平面倾斜 90°-Φ，晷针垂直立于晷盘中心且穿透晷盘（正反面都有晷针），正面晷针指向北极（当地北极地平高度为 Φ）；

▼ 每年春分日后到当年的秋分日前，太阳运行轨迹高于日晷盘面，晷针的影子在晷盘正面（北面）指示时间；

▼ 每年秋分日后到第二年的春分日前，太阳运行轨迹低于日晷盘面，晷针的影子在晷盘背面（南面）指示时间；

▼ 每年春分日和秋分日这两天，太阳运行轨迹平行于日晷盘面，正面和背面的晷针都没有影子，也就是这两天日晷不能指示时间。

3. 垂直日晷

垂直日晷（图 3.24）在欧洲很常见，它们经常被放置在公共建筑和教堂的墙上，在那里它们可以被公众看到和欣赏，许多世纪以来，这些公共日晷是大多数人唯一能知道时间的方法。一些城镇因其宏伟的垂直日晷而变得非常有名。

垂直日晷的投影指时针（晷针）通常是用杆子做的。太阳时间是通过测量晷针所投射阴影的中心位置来计算的。垂直日晷需要根据当地经纬度和墙壁方向进行设计和安装，才能指示正确的时间。

图 3.24　垂直日晷示意图

古人如何通过观测日出日落来确定季节？

古人和现代人都知道，日出日落的时刻随季节进行变化。远古人类为了生存，利用一切有规律的自然现象，来帮助他们指示"过日子"需要的信息。

1. 陶寺观象台

2003 年，考古学家在山西襄汾陶寺遗址发现了一座古观象台。这座观象台是中国远古时期天文历法研究的重要实物例证，被定为中国国家级重大考古发现。陶寺观象台遗迹的发现，证实了《尚书·尧典》上所说的"历象日月星辰，敬授人时"的真实历史与社会现实。

陶寺观象台由 13 根夯土柱组成（图 3.25），呈半圆形，半径 10.5 米，弧长 19.5 米。从观测点通过土柱狭缝观测远处塔尔山日出方位，可以确定季节和节气，进而安排部落族群的农耕生产和生活。

图 3.25 陶寺观象台复原图

考古专家和天文学家初步得出结论，该观象台建造于公元前 2100 年左右，属于新石器时代末期，比英国巨石阵还要早近 500 年。

2. 秘鲁长基罗山上观察日出的垛子

秘鲁西北海岸的长基罗（Chankillo）有一座山峰上存留着 2500 年前的古人修建的 13 个石头垛子遗迹（图 3.26），它们也是用来观看日出、确定季节的。如果站在石头垛子西边一定距离处，就会看到日出在一年里的不同月份会分别从不同的垛口升起。对南半球而言，在一年里日照最长的 12 月 22 日（南半球夏至日），太阳会从最南边的垛口升起，然后一天天太阳升起慢慢向北移动。在一年里日照最短的 6 月 22 日（南半球冬至日），太阳会从最北边的垛口升起。因此，古人能够在一年当中通过观察日出出现在哪个垛子的哪个部位，估计出阳历的日期。时隔 2000 多年，长基罗的山上石垛依然行使着它们被初建时的职责，即显示太阳在每年的固定日期从固定位置升起。

图 3.26.1　秘鲁长基罗山上观察日出的垛子（一）

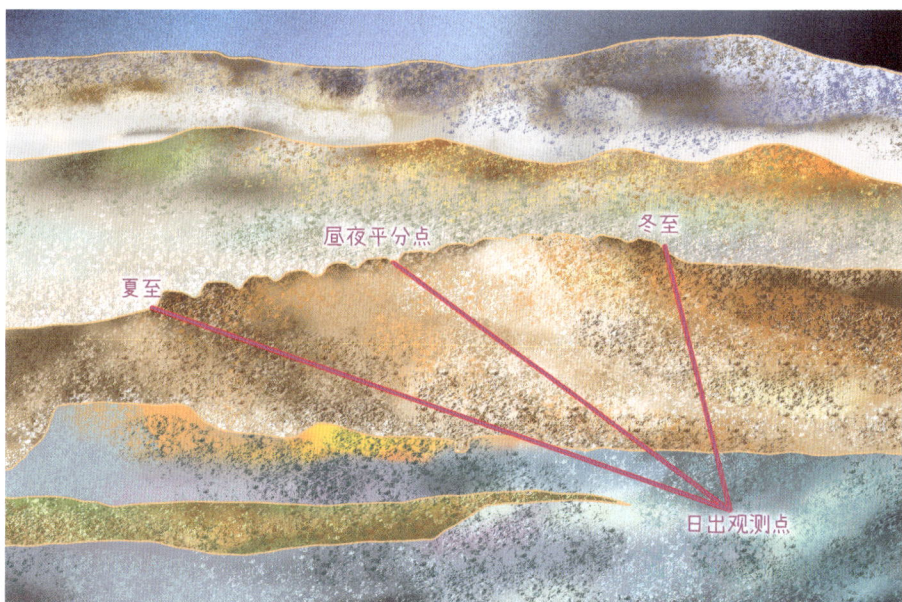

图 3.26.2　秘鲁长基罗山上观察日出的垛子（二）

夏至
昼夜平分点
冬至
日出观测点

　　世界上许多民族都从观察日出日落中得到时间进程的启发。经过数千年的发展，这种探究天空的渴望和对知识的传承，不仅造就了现代天文学，而且也成为了现代文明的基石。

在家里如何观察日出日落？

　　你在家里观察过日出日落吗？你体会过每天日出和日落点与前一天有什么不同吗？我们每天常常不自觉地看着太阳东升西落，对此已经习以为常，不觉得有什么稀奇，然而仔细观察，却发现这其中有很多奥秘。

　　观察太阳周日视运动，可以获得一天中时间的变化信息，也可以得到一个太阳周日视运动的轨迹图。例如在北京（北纬40°）观察，太阳周日视运动的轨迹就是一个从东到南再到西、倾斜的半圆弧（参考图 3.27 中的粉色圆弧）。只有通过长期且连续的观察和记录，然后进行分析比较，我们才能揭示太阳运动的规律性。

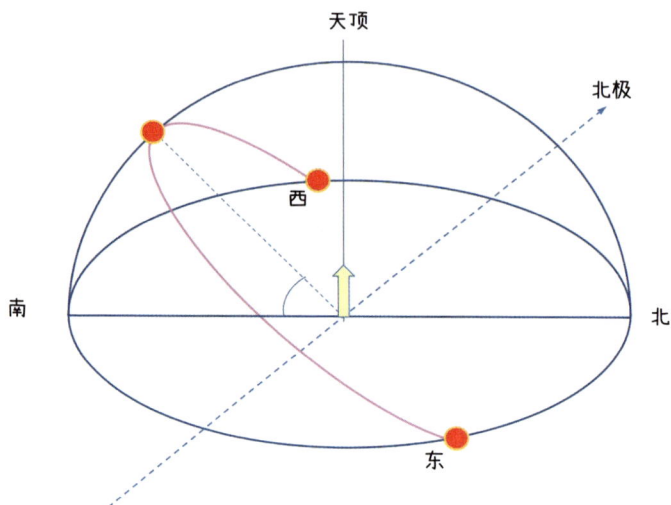

图 3.27　北京地区太阳周日视运动的轨迹示意图

下面介绍一种观察日出日落的方法，通过这项活动你将发现自己参与了一次很有意义的科学探索。

我们每天要在固定观察位置观察日出（太阳升出地平线或建筑物间）或者日落（太阳落入地平线或建筑物间）的位置，记录观察的日期和精确到分钟的时间。观察数据可以通过拍照或绘图来记录。

同学们在观察或拍摄日出日落时，请注意，尽管日出日落期间太阳的光线不是很强烈，但也不要直接看太阳或通过相机的取景镜直接看太阳，而是应该通过相机的取景画面观察太阳，以免强光伤害眼睛！

图 3.28 的 4 幅照片是连续 4 天在同一位置、同一时间，通过家中窗户拍摄的日出。4 幅照片合成到一起（图 3.29）就能看出太阳运动的规律了。如果连续观察记录一年，你会总结出如下规律：

▼ 太阳从一个参考水平面升起是很快的，差不多 1 分钟就能从初露光芒到全部圆面露出，所以拍摄日出要提前准备。而且太阳升起

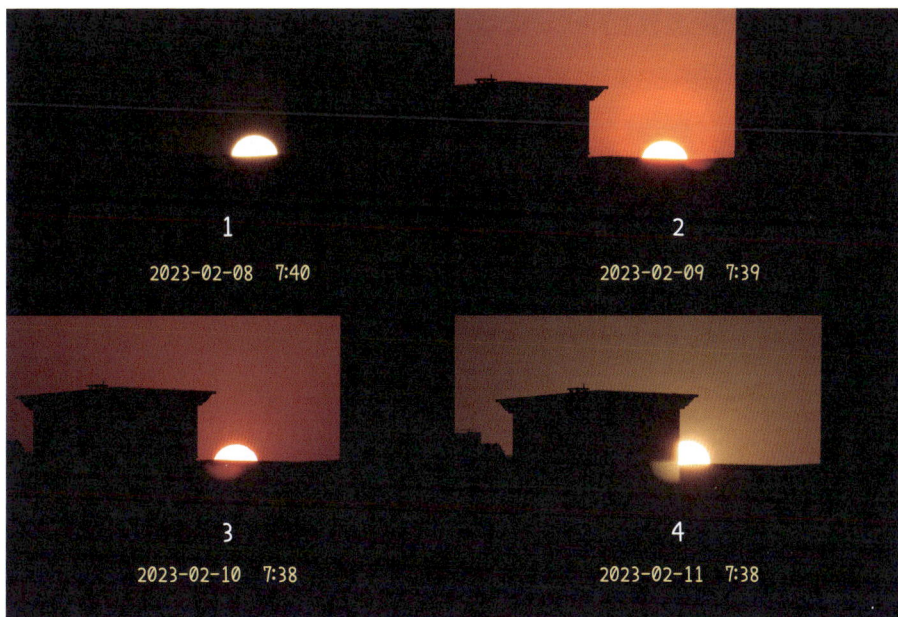

图 3.28 连续 4 天在同一位置、同一时间拍摄的日出

图 3.29 连续 4 天日出照片的合成图

的运动速度就是地球自转的速度，所以观察日出日落可以体会到时间分秒间的快速流逝；

▼ 日出从冬季到夏季，每天向北移动，每天比前一天早出；

▼ 日出从夏季到冬季，每天向南移动，每天比前一天晚出；

▼ 太阳在冬至（或夏至）日附近移动慢，在春分（或秋分）日附近移动快（图 3.30）。

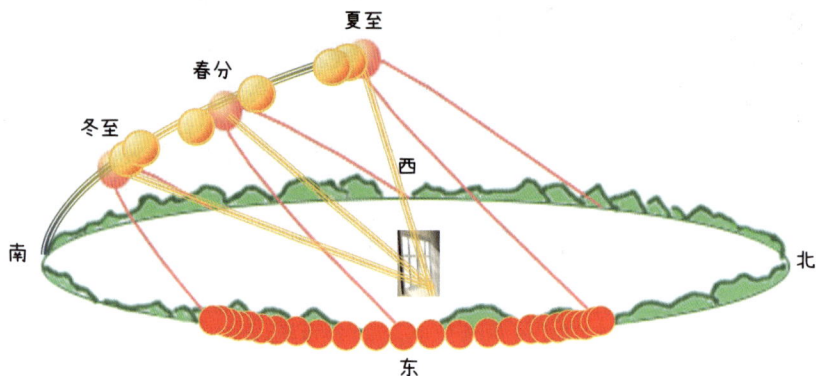

图 3.30　一年中日出位置变化示意图

现代人如何确定时间？

　　有人可能会认为我们每天使用的时间是简单且自然的。然而，时间实际上是一个非常抽象的概念。在国际单位制中，有 7 个基本量：长度、质量、时间、电流、热力学温度、物质的量和发光强度。时间是物理学中的 7 个基本物理量之一。时间通常有两个含义：时间间隔和时刻。

　　确定时间依赖于不受外界影响的物质周期性变化规律。例如，宏观上可见的地球的自转周期、月球绕地球的转动周期、地球绕太阳的转动周期，以及微观上可测的原子振荡周期等。

天体的运动规律构成了时间单位的自然基础，时间是天文学中的一个重要分支学科。随着科技的高速发展，对精确应用时间的要求越来越高，时间的研究已经成为一个涉及多个学科的高精尖前沿领域。

什么是真太阳时？

古人以日出和日落作为作息时间周期的参考，形成了"日出而作，日落而息"的习惯。人们通常所说的"一日"指的是一昼夜的时间。然而，由于日出和日落的时刻每天都在变化，所以"日"的起始点不方便定在日出或日落。

科学家观察到，太阳在天空中的位置会随着一天时间的变化而变化，但每天正午太阳在天空中都位于最高点（图 3.31）。在北回归线以北的地区，这个最高点位于正南方。基于这一现象，科学家定义了"真太阳日"的概念，太阳视圆面中心连续两次上中天（最高点）的时间间隔称为真太阳日。1 个真太阳日又被分为 24 个真太阳时。这种以真太阳日为基准的时间系统被称为"真太阳时"。因为真太阳时是观测太阳视圆面中心得到的，所以真太阳时也称为视太阳时，简称视时。

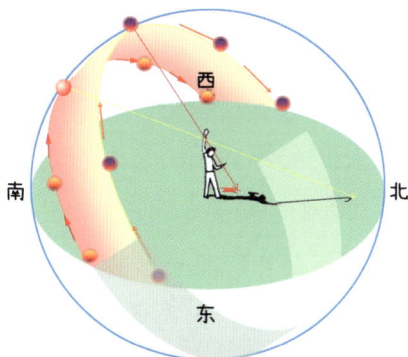

图 3.31　太阳的视运动轨迹示意图

"夏天天长，冬天天短"这句话严谨的表述是"夏天白昼时间长，冬天白昼时间短"，因为无论夏天还是冬天，一昼夜的时间都一样。图 3.31 显示，太阳每天在地平面上（即白昼）和地平面下（即夜晚）都完成一整圈的运动。

什么是平太阳时？

地球围绕太阳的运动轨迹并非正圆，而是呈现椭圆形状。这种椭圆形的轨道意味着地球与太阳之间的距离会随之变化。当地球距离太阳近一点时，其公转速度会快一点；而当地球距离太阳远一点时，其公转速度会慢一点。此外，地球的自转轴相对于公转轨道平面存在 23.5°的倾斜角度等，这些因素综合起来，造成了地球上每天观察到的真太阳日的长度是不一样的。

在古代，真太阳时长度的这种微小变化对日常生活的影响微乎其微。古代的时间测量工具，如日晷和圭表，都是基于真太阳时来计量时间的。然而，随着现代社会对时间精确度要求的提高，尤其是在科学领域，对时间的精确度有着更为严格的标准。为了满足这一需求，科学家们创立了一套更为实用的时间体系，即"平太阳时"。

科学家假想地球沿圆形轨道均匀地绕太阳公转，从而得到一种均匀的时间单位，即每天都是 24 小时。这种平均太阳时间简称平太阳时。科学家的假想导致了真太阳时与平太阳时之间的差异（图 3.32）。这种差异称为均时差，其值为真太阳时减平太阳时。均时差正值表示太阳移动快且较早过中天。均时差每年有 4 次等于零，分别在 4 月 16 日、6 月 15 日、9 月 1 日和 12 月 24 日前后；另有 4 次极值，分别在 2 月 12 日左右（-14.4 分钟），5 月 15 日左右（+3.8 分钟），7 月 26 日左右（-6.3 分钟），11 月 3 日左右（+16.4 分钟）。科学家通过计算制定了一张表格，

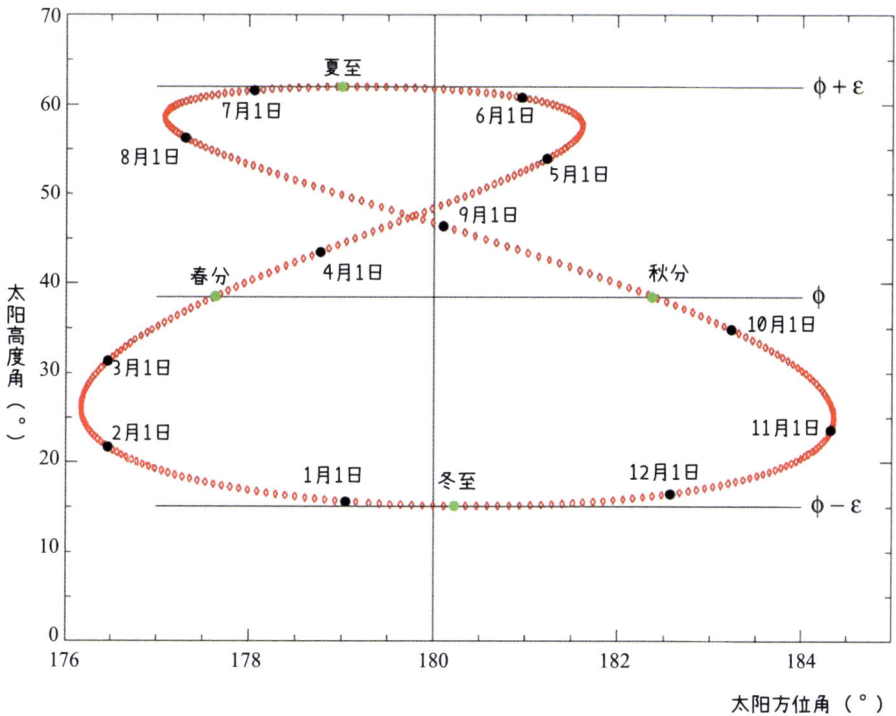

图 3.32　这是英国格林尼治天文台（纬度 51.4791°N、经度 0°）
在 2006 年期间每天中午 12:00（平时）观测的太阳位置

记录了每天真太阳时与平太阳时的差值，并将其通过天文年历的形式发布。如今，我们在互联网上也可以查询到特定地点的真太阳时，以及日出和日落的具体时间。

平太阳时的基准信号是秒，这一时间单位由国际专门的时间机构确定，并通过多种渠道向全球发布。这就是我们今天日常生活中所使用的平太阳时间系统。

为什么太阳走出8字形的轨迹？

每天真太阳时的正午，太阳一定在视运动圈的最高点。但每天太阳在最高点的平太阳时是不一样的，因为真太阳时和平太阳时之间存在差异。同理，如果我们使用平太阳时在每天同一时刻观察太阳，会发现太阳在天空走出一个8字形的轨迹，这一轨迹称为"日行迹"。

世界上第一张太阳"8"字轨迹图（图3.33）在1978年至1979年拍摄于美国新英格兰地区（北纬45°、西经70°）。此图合成自44张在同一地点、同一时间（上午8点）拍摄的太阳照片和1张背景照片。

太阳"8"字轨迹图的原理很简单，因为拍摄时间使用平太阳时，而太阳实际轨迹反映的是真太阳时，二者之差形成了8字形。根据不同地点的8字形轨迹（图3.33～3.35），我们可以总结出以下几点：

▼ 太阳的日行迹呈现中心对称的状态，小环总是指向正北，大环总是指向正南；

▼ 北半球的人看到的日行迹是小环高、大环低（图3.33和图3.35）；

▼ 南半球的人看到的日行迹是大环高、小环低（图3.34）；

▼ 赤道附近的人看到的日行迹是基本平行于地平线的，越靠近赤道8字日行轨迹越平；

▼ 北半球的夏至前后几天（环最高点附近），太阳直射北回归线附近，轨迹变化很小；

▼ 北半球的冬至前后几天（环最低点附近），太阳直射南回归线附近，轨迹变化很小；

▼ 太阳在南北回归线之间来回移动，形成了四季变化；

▼ 8字形交点位置，不是春秋分点的位置，而是两个真平太阳时差

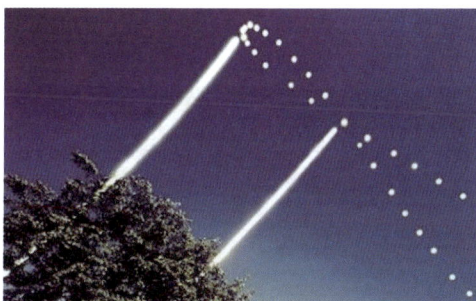

图 3.33

图 3.34

图 3.35

等于零的位置（参考图 3.32）。另外两个真平太阳时差等于零的位置是日行迹的最高点和最低点。

什么是恒星时？

　　恒星的一日是地球相对于遥远的恒星自转一周的周期。如图 3.36 所示，假如我们在地球上某时刻（位置 1）面对太阳的同时也面对一颗恒星，并开始计时，当地球自转并在其公转轨道上经位置 2 到达位置 3 时，又面对同一颗恒星。由于恒星距离地球非常遥远，地球一天的位移相对于恒星与地球之间的距离来说微不足道，因此从地球上观察到的恒星方向几乎不变。此时，地球相对恒星自转一周，这个过程称为一个恒星日。以恒星日为基准的时间系统就是恒星时系统。恒星日被分为 24 小时，每个小时是 1 个恒星时。

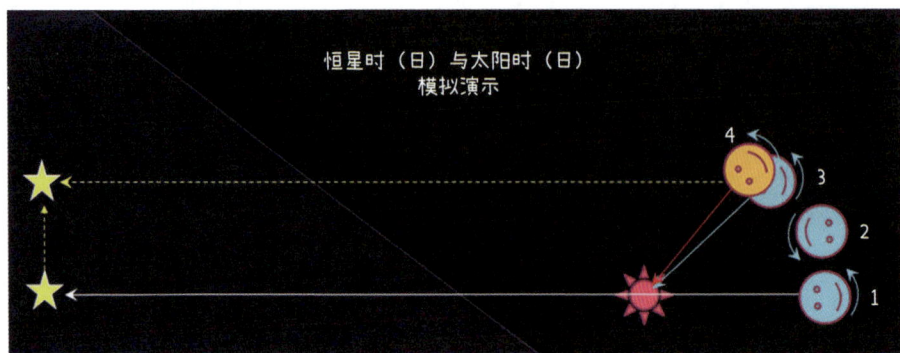

图 3.36　恒星日与太阳日的模拟演示图

从图 3.36 中可见，当地球相对于恒星完成自转一周再面对同一颗恒星时，地球从位置 1 移动到位置 3，完成一个恒星日。此时，地球还没有完成相对于太阳的自转周期，即地球围绕太阳公转还没有到下一个面对太阳的时刻。地球要继续围绕太阳公转，直到移动到位置 4 才能再次面对太阳，完成一个太阳日。因此，恒星日比太阳日短。

我们日常生活中使用的时间是根据太阳的出没周期计算的，每天是一个太阳日（24 小时），而恒星的出没周期是一个恒星日（约 23 小时 56 分钟），二者每天大约差 4 分钟。我们平时观星记录时都使用太阳时，而恒星视运动遵循恒星时，因此，全天的恒星的旋转周期每天都比我们使用的太阳时快约 4 分钟。换言之，恒星每天比前一天提前 4 分钟到达某位置。也就是说，恒星在一个太阳日里实际上转了一周多一点（大约每天多 1°），这样一个季度积累下来，恒星会多转大约 90°。这就是恒星有季节性变化的原因。

什么是世界时？

由于地球时时刻刻都在转动，地球上的不同地区会在不同的时刻（当地正午）面对太阳，因此各地真太阳时的时刻是不同的（图 3.37）。相应的，平太阳时的时刻也是不同的。

随着全球人类交流的日益频繁和密切，迫切需要建立一个统一的时间系统。科学家在 1884 年的会议上确定，将全球按经度（全球经度共 360°）划分为 24 个时区，每个时区跨越 15°经度，每个时区采用其中心经度的平太阳时时间（即区时）。也就是说，零时区采用 0°经线上的时间，东一时区采用东经 15°经线上的时间，依此类推（图 3.38）。这一划分形成了世界时、区时、时差和地方时等概念。

世界时（Universal Time，UT）是以地球自转为基础的时间计量系统，

图 3.37　地球上的时间

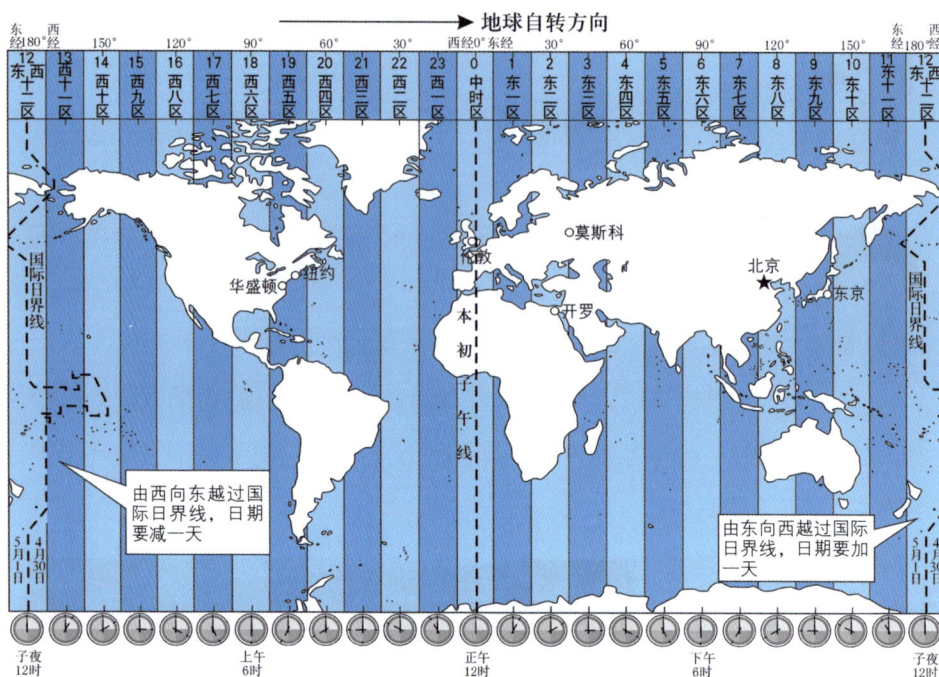

图 3.38 世界时、区时的划分

子夜 0 时为起始时间。世界时的信号以平太阳时秒为单位，来自天文测量，规定一个平太阳日的 1/86400 为一个世界时秒。具体规定有：

 ▼ 零时区：经过英国的格林尼治天文台的经线被约定为 0°经线，0°经线上的时间就是零时区（又称中时区）时间；

 ▼ 区时：指某时区中心经度线上的时间，一般为居住在本时区的人们使用；

 ▼ 区时差：区时与世界时之差（差在小时，没有分秒之差）；

 ▼ 地方时：指特定地理位置上的时间，由所在地的具体经度而定（一般与你所在地区使用的区时有差别，除非你所在的地点正好位于时区的中央经线）。

各国通常采用所在地区的区时，因此在国际旅行时，人们通常需要拨表以适应目的地的作息时间。有些较大的国家，如美国因跨越多个时区，在同一个国家的不同地区旅行也有可能需要拨表。中国虽然跨越 5 个时区，但全国统一采用北京时间作为官方时间标准，即东八时区的区时（东经 120°经线上的时间）。在中国国内，虽然不需要拨表，但不同地区的作息时间可能会有所不同，例如新疆地区一般比内地晚 2 小时上班、晚 2 小时下班。

什么是原子时？

想象一下，你有一个非常精确的计时器，它能够测量出非常短的时间间隔。这个计时器不是普通的秒表，而是一种特殊的钟，叫作原子钟。原子钟是利用原子里的电子跃迁所产生的频率非常恒定的电磁波生成的秒信号来计时的。

在原子钟里，科学家们选择了一种叫作铯的元素。铯原子有一种特别的特性：当它的电子从一个能级跳到另一个能级时，会发出非常稳定的电磁波。这个电磁波的振荡频率非常稳定，可以用来作为原子钟秒信号的基准。

科学家们定义，当铯原子的电子完成 9,192,631,770 次这样的振动时，就相当于过去了 1 秒钟。这就是原子时的"秒"的定义。因为这个原子振荡的过程远比地球自转的周期（地球自转速度具有不均匀性）要稳定，所以原子时比我们 20 世纪 50 年代以前用地球自转来定义的世界标准时间（也就是天文时间）要准确得多。

国际原子时（Internationally Atomic Time，TAI）是由分布在世界各地 70 多个实验室中的 500 多台这样的原子钟一起提供的时间信号。这些信号被送到国际时间局，那里的科学家们会把这些信号综合起来统一处理，最终得到一个高可靠、高稳定、高准确的国际原子时的秒信号，然后向全世界发布。

简单来说，原子时是一种非常精确的时间计量方式，它用原子内部的振荡信号来定义秒，让我们能够更准确地计量和使用时间。

什么是协调世界时?

前面我们讲到世界时和原子时是两个独立的时间计量系统。这两个系统各有优缺点。世界时的稳定性和准确度差一些，但与天象吻合。原子时的稳定性和准确度更高，但长时间使用会与世界时之间产生误差，慢慢地将会导致与天象不同步，甚至可能出现 12 点时太阳刚升起的情况。为了解决误差问题，科学家在 1972 年定义了协调世界时（Coordinated Universal Time，UTC），规定一旦世界时和原子时的误差达 0.9 秒，则通过实施"闰秒"（或称"跳秒"）进行调整。这样，协调世界时既保持了原子时的高精度，又能与天象保持一致。

我们现在所使用的时间就是协调世界时，其计时用的秒信号来自原子时高精度的"秒"，但需要实时与世界时的"秒"进行比对。一旦发现二者之间存在 0.9 秒的误差，就会通过"闰秒"补上误差的缺口，以确保时间的高精度和与天象的一致性。

什么是历法?

历法是天文学的分支学科。它记录着历史上的事件，也指导着我们的日常生活。历代科学家们，基于对天象自然变化周期的深入研究，通过安排调节年、月、日的时间长度和它们之间的关系，制定出较长的时间序列法则，以适应地球、月球和太阳的运动规律。

1. 历法中的年、月、日

"年"以地球公转为依据,是反映四季变化的周期,1回归年＝365.24219平太阳日;"月"以月球公转为依据,是反映月相变化的周期,1朔望月＝29.5306平太阳日;"日"以地球自转为依据,是反映昼夜交替的周期,日是基本单位、不能分割。

这是三种完全独立的运动,没有简单的通约关系,这意味着我们不能找到一个简单的数字,使得年、月、日的周期都是这个数字的整数倍。这种整日数的年和月称为"历年"和"历月"。

2. 历法的制定原则

(1)要安排好起始点,如纪元、岁首,以及历年和历月长度,确保它们能尽可能准确地反映天文客观规律和四季变化。

(2)要简单明了,易于记忆和使用,具有通用性,能够被广大地区接受和长期使用。

3. 历法的类型

历史上,世界上不同文明发展出了多种历法,但主要可以归纳为3种基本类型:太阴历、太阳历和阴阳合历。这三种历法各有各的优缺点。目前世界上通行的公历属于太阳历,而中国的传统历法(农历)属于阴阳合历。

什么是太阳历?

太阳历又称阳历,是以地球绕太阳公转周期为基础而制定的历法。历史上有很多古老的民族都有以太阳运动规律为依据的历法。我们现在使用的公历就是一种太阳历。公历的正式名称为格里高利历，源自儒略历。

1. 儒略历的诞生

古罗马的儒略·恺撒大帝于公元前 46 年仿照古代埃及历法制定了一部新历法，史称儒略历。

儒略历以回归年为基础，设定 1 儒略年等于 365.25 日，每年 12 个月。大小月的分配是一大一小：1 月大，2 月小，3 月大，4 月小，5 月大，6 月小，7 月大，8 月小，9 月大，10 月小，11 月大，12 月小。初步设定大月 31 天、小月 30 天，但是这样一年就有 366 天而非 365.25 天，为此在 2 月减少 1 天，即平年 2 月 29 天、全年 365 天，闰年 2 月 30 天、全年 366 天。每隔三年（即第四年）闰一次，这样四年平均下来的 1 儒略年长度（儒略历平均历年长）为 365.25 日，与真实回归年长 365.24219 日的误差为 400 年差 3 天左右。

约公元前 45 年恺撒大帝逝世，掌管历法的僧侣把"每隔三年一闰"误解为"每三年一闰"。于是在其后短短的 33 年多闰了 3 次。

2. 奥古斯都对儒略历的修改

公元前 8 年，罗马帝国皇帝奥古斯都对儒略历进行了一次修改，规定：

- ▼ 从公元前 8 年到公元 3 年（共 12 年）不再闰年，把多闰的 3 次找回；
- ▼ 将自己出生的 8 月改成大月 31 天，大小月的分配改为 1 月大，2 月小，3 月大，4 月小，5 月大，6 月小，7 月大，8 月大，9 月小，10 月大，11 月小，12 月大；
- ▼ 将 2 月再减 1 天（平年 28 天，闰年 29 天）；
- ▼ 全年还是平年 365 天、闰年 366 天，与真实回归年的误差没有改变。

奥古斯都的改历换汤不换药，400 年差 3 天左右的误差仍然存在，反倒把大小月的顺序打乱了。但因为是皇帝颁布的历法，只能继续实行达1500多年。

3. 格里高利历的诞生

到 1582 年，历法的误差已经累积到 10 天左右，于是罗马教皇格里高利主持了新的历法改革，改革的内容为：

▼ 1582 年 10 月 4 日后的一天是 10 月 15 日，而不是 10 月 5 日，但星期序号仍然连续计算，10 月 4 日是星期四，第二天 10 月 15 日是星期五。这样，就把从前积累的老账一笔勾销了；

▼ 闰年采用新的方法，正常年数能被 4 整除的是闰年，但当公元年数后边是带两个"0"的"世纪年"时，必须能被 400 整除的年才是闰年。这样就改 400 年闰 100 次为闰 97 次，弥补了 400 年多 3 天的误差。

格里高利历的平均历年长为 365×97 再除以 400 = 365.2425 天，与实际回归年长度误差减少到约 3300 年差 1 天。格里高利历相当准确，因此后来被很多国家采用，以至于现在被称为公历。

但是并不是所有国家都马上采用了格里高利历，历史上消失的 10 天产生过很多歧义。例如牛顿的生日，按儒略历是 1642 年 12 月 25 日，按格里高利历是 1643 年 1 月 4 日；俄国的十月革命，按儒略历是 1917 年 10 月 25 日，按格里高利历是 1917 年 11 月 7 日。

什么是太阴历？

太阴历又称阴历，是一种根据月相圆缺变化的周期（即"朔望月"）制定的历法。古人将月亮称为"太阴"，故称"太阴历"。

　　月亮的朔望不仅涉及太阳、地球、月亮三者之间的关系，而且涉及月亮运动的轨道变化等问题，需要通过长期观察把这些微小变化都纳入到历法中。因此，历法的计算方法十分复杂，我们这里只简单介绍太阴历的主要原则。

　　简单来说，月相的周期大约是 29.5 天。为了保持月份的整数天数，古人巧妙地将阴历的月份分为大月和小月，规定大月 30 天、小月 29 天，一年中的月份平均下来是 29.5 天，与月相周期的实际长度差不多。

　　当然，月相周期并不是正好 29.5 天，而是比 29.5 天多一点点，这种平均每月 29.5 天的设置长期以来会积累误差。这个积累起来的误差通过加闰的办法来补偿，闰的规则为：阴历每年 12 个月，单数月份为大月（30 天），双数月份为小月（29 天）；闰年 12 月改为大月。置闰周期 30 年循环，每周期里的第 2、5、7、10、13、16、18、21、24、26、29 年，共 11 年为闰年（每年 355 日），另 19 年为平年（每年 354 日）。

　　太阴历对昼夜的计算，以日落为一天之始，到次日日落为一日，通常称为"夜行前"。即黑夜在前，白昼在后，构成一天。

什么是阴阳合历？

　　阴阳合历是一种结合了太阳和月亮运动周期的历法。我们知道太阳历的年有天文意义，能反映季节，但太阳历的月是人为划分的；太阴历的月每一天都能与月相吻合，但太阴历的年与季节没有对应关系。为了调节太阳历与太阴历的关系，中国古人建立了独特的阴阳合历。

　　中国现在使用的农历，旧称夏历，就是一种阴阳合历，最早可追溯至殷商时期，在甲骨文和古代典籍中多有记载。农历以朔望月计月，以回归年计年。由于阴历年（一年 354 天或 355 天）比阳历年（一年 365 天或 366 天）少十几天，历法家通过加闰月的方法来调节阴历年和阳历年之间长度的差异。例如，在 3 个回归年里加入 1 个农历的月，可以大致调和阴历年和阳历年的长度，使之大体一致。经过长期观测与计算，我国目前使用的农历是 19 个阴历年加入 7 个闰月，长期使用此历法，基本可以保证每年与季节吻合、每月与月相吻合，特别是确保阴历年首（春节正月初一）始终维持在阳历 1 月下旬到 2 月上旬之间。中国古人建立的这种历法，不仅使人们能够通过一部历法，与太阳的运行和月相的变化保持同步，还能指示四季的时节。

二十四节气是阳历还是阴历？

一般都说农历二十四节气，但实际上二十四节气属于阳历。二十四节气是中国古人通过观察太阳周年运动，认知一年中时令、气候、物候等方面变化规律，所获得的实践经验和科学测量的结果。二十四节气自秦汉时期确定，至今已经沿用了 2000 多年，是中国传统历法体系及其相关实践活动的重要组成部分。

中国早在使用立竿测日影的时代，就逐渐认识到冬至（日影最长）、夏至（日影最短）等一年中的主要节点，后来逐渐发展为 24 个节点。中国古代历代天文官首先要做的就是测影验气的工作。在土圭测日影的时代，冬至被定为二十四节气的首位，始于冬至，终于大雪。西汉汉武帝时期（公元前 141 年~前 87 年），《太初历》将二十四节气纳入了历法。

现行的二十四节气来自 1645 年订立的太阳黄经度数法，这是一种根据太阳在黄道上的位置来确定节气的方法。依据太阳黄经度数划分的节气，始于立春，终于大寒。如图 3.39 所示，将 360°圆周的黄道（一年当中太阳在天球上的视路径）划分为 24 等份，每 15°为 1 等份，以春分

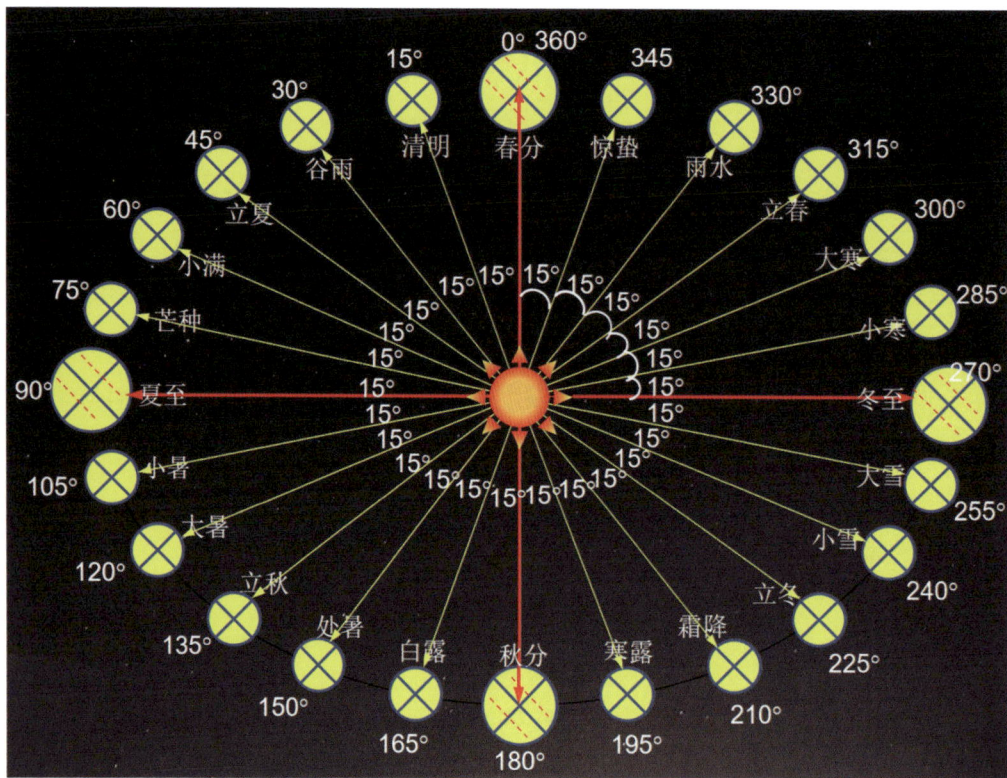

图 3.39　根据太阳在黄道上的位置来划分节气的方法

点为 0°起点（但在排序上仍把立春列为首位），视太阳从黄经 0°（此刻太阳垂直照射在赤道上）出发，在黄道上每运行 15°为一个节气，运行一周又回到春分点，为一回归年。每个节气的黄道度数是均等的，但由于地球绕太阳的轨道是椭圆形的，导致每个节气的时间长度不均等。

　　二十四节气是根据地球绕太阳公转的位置决定的。随着地球的公转，太阳光线与地球表面的角度发生变化，进而影响地球上的气候。几千年来，二十四节气对中国农牧业生产起着重要作用，是中国古代天文学对人类的重大贡献。2016 年 11 月 30 日，二十四节气被正式列入联合国教科文组织人类非物质文化遗产代表作名录。在国际气象界，这一时间认知体系被誉为"中国的第五大发明"。

太阳与温度有什么关系？

地球上的人类都知道冬天冷、夏天热，你想过这种现象是什么原因引起的吗？接下来，我们将只讨论太阳辐射因素，不考虑气象、地理等影响气候的其他复杂因素。

1. 日地距离与温度的关系

有人说太阳好比是个大火炉，离得远就冷，离得近就热，因此认为冬天冷是因为太阳离我们比较远，夏天热是因为太阳离我们比较近。这种说法并不正确。实际上，地球绕太阳公转的轨道是椭圆形的，地球在公转过程中与太阳的距离时远时近，在北半球，夏天太阳与我们之间的距离反而比冬天远。如图 3.40 所示，地球在每年 1 月份（北半球的冬季）过近日点，在每年 7 月份（北半球的夏季）过远日点。

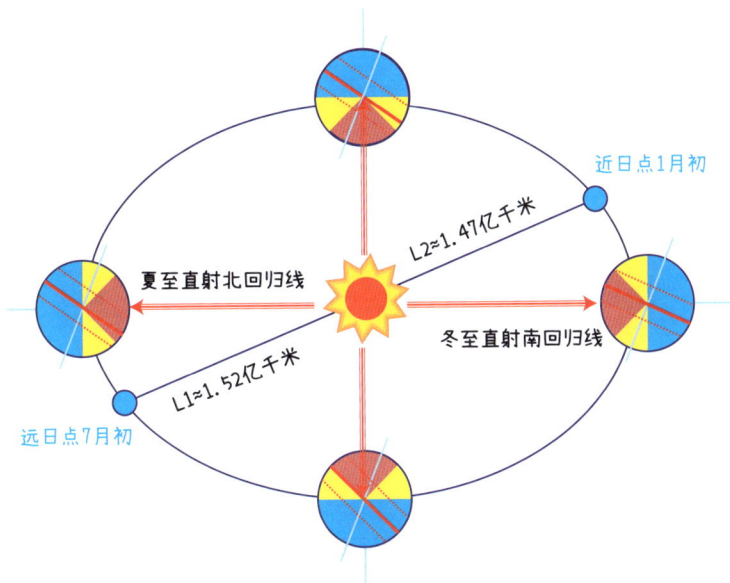

图 3.40　地球绕太阳公转的轨道示意图

为什么 1 月初是北半球气温最低、天气最冷的季节呢？难道我们离太阳近反而冷，离太阳远反而热吗？由图 3.40 可知，地球距太阳最近的距离约为 1.47 亿千米，最远的距离约为 1.52 亿千米。二者之差约为 0.05 亿千米，这与地球到太阳的平均距离（约 1.5 亿千米）的比值是 1/30。这样小的近日点和远日点距离之差，并不足以引起地球表面温度的较大变化。由此可知，日地距离与温度之间没有太大关系。

2. 太阳照射地球的角度与温度的关系

如果地球表面是平的，那么各处太阳光照的角度就是相同的，地球上各处单位面积所接受的热量也是一样的。但地球是球形的，这就使得地球上不同纬度地区在同一时间被太阳照射的角度不同（见图 3.41），不同纬度地区单位面积所接受的热量随之不同，使得不同纬度的气候也会受此影响（不考虑其他因素引起地区小气候变化）。

太阳照射地球的角度随纬度的变化与太阳直射点有关，纬度离直射点越近越接近直射，太阳光输送的热量越多，气候越热；纬度离直射点越远

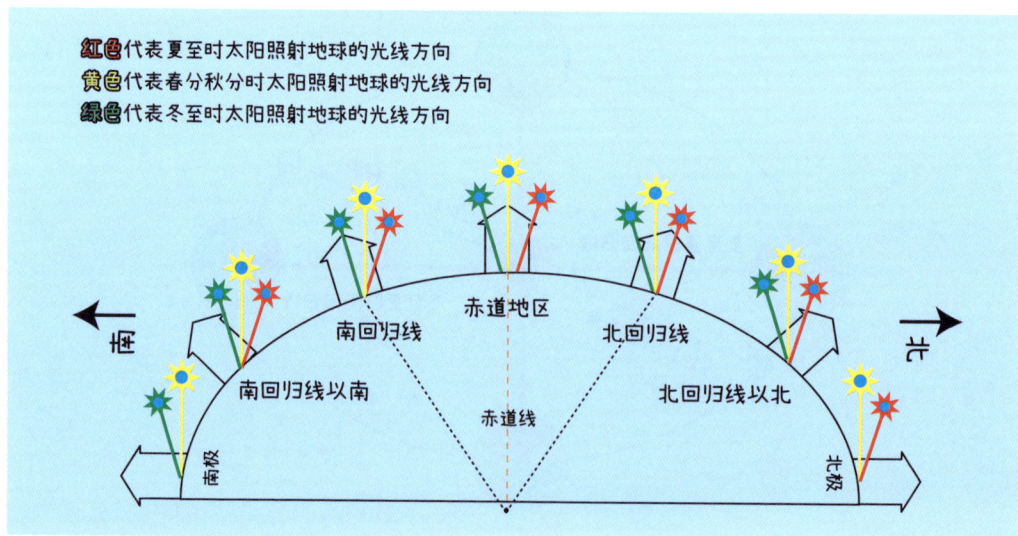

图 3.41　太阳照射地球表面的角度随纬度变化

越斜射，太阳光输送的热量越少，气候越冷。由于地球是个倾斜着旋转的球形，太阳直射点每天随地球公转位置而移动。在地球从冬至点（太阳直射南回归线，纬度 –23.5°）到夏至点（太阳直射北回归线，纬度 23.5°）的运动期间，太阳光照射地球表面的角度在不断改变，即地球各地的气温在不断改变。

3. 正午太阳高度角与纬度的关系

判断地球上某地每天接受太阳辐射的多少，可以用正午太阳高度角来衡量。正午太阳高度角指正午时刻，太阳光线与地面的夹角。正午太阳高度角越大，太阳辐射越强。

如前所述，春秋分日这一天，正午太阳高度角介于夏至与冬至之间，所以观察和测量当地春分日正午太阳高度角，可以帮助我们计算出当地夏至与冬至的正午太阳高度角。

太阳高度角是决定地球表面获得太阳热能数量的最重要的因素。春分日地球上某地中正午太阳高度与所在纬度的关系，可由图 3.42 简单计算：

其中 H 是纬度 Φ 地区的正午太阳高度角，由内错角相等原理可知 H=H'，所以在纬度 Φ 地区，春分日正午太阳高度角 H=90°-Φ。以北京

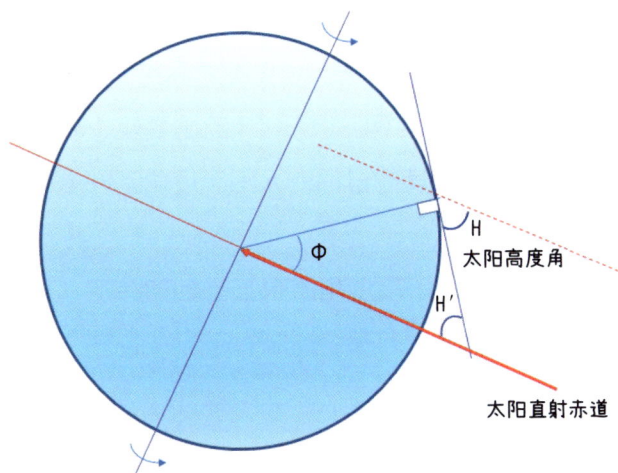

图 3.42　春分日的正午太阳高度

地区为例，Φ=40°，所以春分日正午太阳高度为 50°。

知道了某地春分日的正午太阳高度，那么当地正午最低的太阳高度（冬至日）就是春分日正午太阳高度减 23.5 度，当地正午最高的太阳高度（夏至日）就是春分日正午太阳高度加 23.5 度。这些数据对我们了解自己所在地区的太阳照射情况和季节气候情况都很有用处。

4. 正午太阳高度角与温度的关系

判断地球上某地每天接受太阳辐射的多少，可以用正午太阳高度角来衡量，我们知道地球上任何纬度上任何一天，正午太阳高度角与当地纬度有如下关系（推导从略）：

$$H=90°-(Φ-δ)$$

其中角度 Φ 代表观察者当地纬度，角度 δ 代表观察日太阳直射点的纬度，H 为观察者所在地当天正午的太阳高度角。图 3.43 给出以北京地区（Φ=40°）为例，正午太阳高度角全年变化规律。

可见地球上某地正午高度角与当地纬度 Φ 有关，也与太阳直射点角度 δ（即地球公转到达的位置）有关。以北半球为例，Φ-δ 越小（即 Φ 接近 δ，且 δ 为正值），正午的太阳高度角 H 越大。最大的 H 在夏至时的北回归线上，此时 Φ=δ=23°.5，H= 90°。北半球以北回归线为中心的南北广大地区都接受近乎直射的阳光，所以夏季温度很高。

以北京地区（Φ=40°）为例，图 3.43 给出夏至、春秋分、冬至时节的正午太阳高度角，全年其他日期的太阳高度角都在夏至与冬至之间变化。

可见地球上某地正午太阳高度角不仅与当地的纬度（Φ）有关，而且与太阳直射点的纬度（δ）有关。

5. 日照时间与温度的关系

这样看来，远离北回归线的地区，例如北纬 50°左右的中国黑龙江地

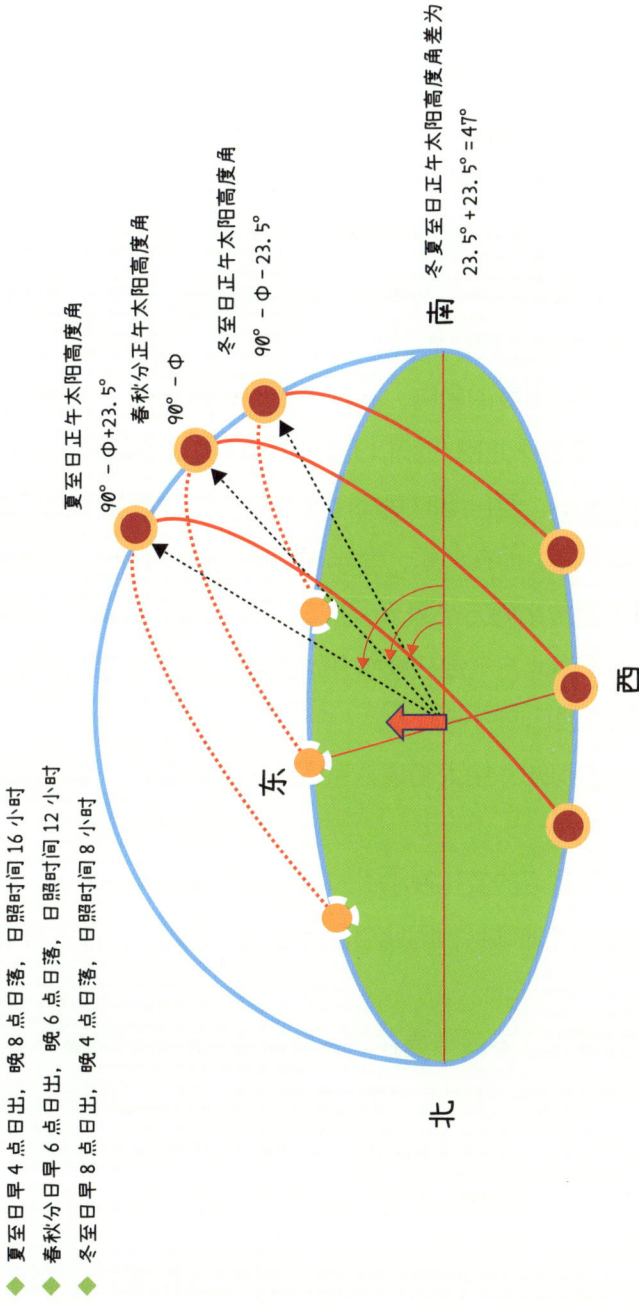

北

南

冬至日正午太阳高度角差为
23.5°+23.5°=47°

冬至日正午太阳高度角
90°－Φ－23.5°

春秋分正午太阳高度角
90°－Φ

夏至日正午太阳高度角
90°－Φ+23.5°

西

东

夏至日早 4 点日出，晚 8 点日落，日照时间 16 小时

春秋分日早 6 点日出，晚 6 点日落，日照时间 12 小时

冬至日早 8 点日出，晚 4 点日落，日照时间 8 小时

观测点以北半球中纬度地区为例，如北京地理纬度 Φ＝40°，太阳直射点角度为 δ，
春秋分日 δ＝0°，夏至日 δ＝23.5°，冬至日 δ＝-23.5°，其他日期 -23.5°< δ < 23.5°

图 3.43 北京地区二分二至日正午太阳高度角与日照时间示意图

区，夏天的温度应该比北回归线地区低一些。但事实并不是这样，如果我们经常关注天气预报，就会发现夏季我国从南方到北方的广大地区都受高温控制，东北地区也不比南方凉快。这又是为什么呢？

因为地球上的气候不仅受到太阳高度的影响，还与日照时长有关。观察图 3.43 可见，只有春分日和秋分日这两天全球各地昼夜平分。尽管夏至日后太阳高度逐渐降低，但白昼时间仍然长于夜晚，直到秋分日才昼夜等长。而且越往北方，夏季日照时间越长，进入北极圈，甚至出现太阳全天不落的极昼现象。

太阳辐射对地球表面温度的影响，除考虑日照角度之外，还需要考虑日照时间。在夏季，北半球北回归线以北地区，尽管纬度越高，正午太阳高度角比南方小得越多，但日照时间却比南方长，这样叠加的效果使得南北方的夏季气温都很高。而在冬季，北半球北回归线以北地区，纬度越高，不仅正午太阳高度角比南方小很多，同时日照时间也比南方短很多，这样叠减的效果，使得南北方气温从秋季开始迅速分化，北方很快进入冬季，并且北方冬季的气温比南方低很多。

根据以上 4 点分析可知，由太阳辐射引起的地球表面温度变化主要包括以下几点：

（1）地球距离太阳远近的变化很小，对地球上气候的影响不大；

（2）地球公转且自转轴倾斜，因此引起地球表面各地产生季节性温度变化；

（3）由于地球是球形，不同纬度在同一时期被太阳照射的角度不同，因此接受的能量不同，引起地球表面各地产生随纬度变化的温度变化；

（4）由于地球是球形，不同纬度在同一时期被太阳照射的时间不同，导致接受的能量积累不同，从而引起地球表面各地产生随纬度变化的温度变化（叠加或叠减的效果）。

房子朝向与能源利用有什么关系？

对于居住在中纬度地区的人来说，房子的朝向至关重要。古人建房时，通常将正房坐北朝南，厢房则朝东或朝西。这是因为南向的房间冬暖夏凉，而东西向的房间冬冷夏热，这是为什么呢？

前面讲过，太阳在中高纬度地区的视运动轨迹是东－南－西倾斜的半圆形（图 3.44 上部）。比较一年中的正午太阳高度，夏季高，冬季低，春秋在二者之间。

对于窗户开向南面的房间来说，夏季太阳高度角较大，照进房间的阳光少（图 3.44 右下角）；冬季太阳高度角较小，照进房间的阳光多（图 3.44 左下角）。因此，朝南的房间冬暖夏凉。

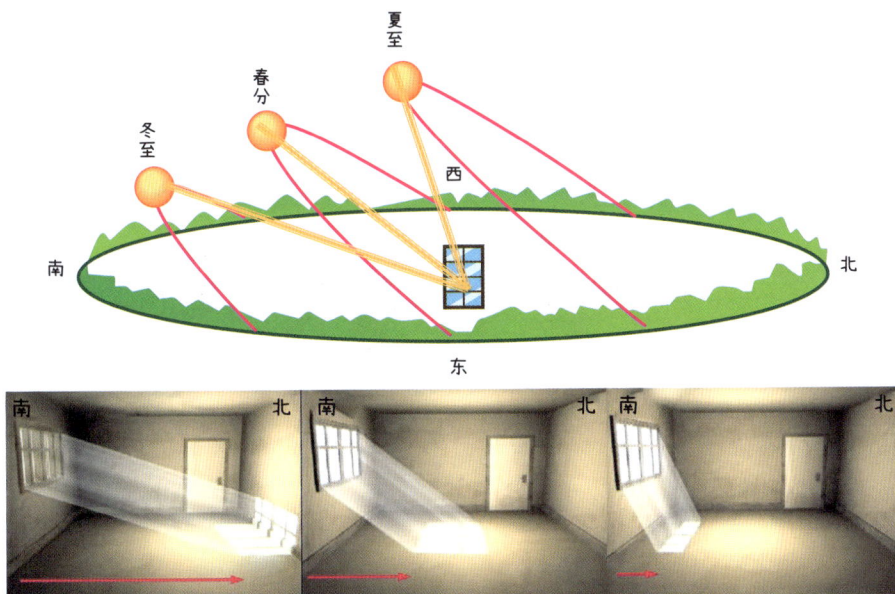

图 3.44 北方地区四季的太阳视运动轨迹图

对于窗户开向东面的房间来说，无论冬季还是夏季，只能接收到东面照射的阳光。在冬季，由于日出较晚，阳光刚刚照进房间一会就过去了；而在夏季，日出较早，且太阳在中午前的高度都比较低，因此阳光能长时间大面积照进房间。这种差异导致朝东的房间冬冷夏热。同样，朝西的房间也会因为类似的日照模式而表现出冬冷夏热的特点。

古人靠经验掌握了对太阳能的有效利用，现代人更是根据科学原理进一步利用太阳能。比如，在安装光伏发电的太阳能板（图 3.45）时，需要根据所在地的地理纬度来设计它们朝南的倾斜角度，以确保它们最大程度地接收阳光。

图 3.45 光伏发电的太阳能板

为什么极地要防晒？

现在很多人选择前往南北极考察或旅行。大家会发现，在极地的白昼活动也会遇到太阳强烈辐射的问题。在极地的夏季，太阳一直在距地面 0°到 23.5°的高度上水平旋转（夏至时太阳最高距地面 23.5°，见图 3.46）。虽然太阳全天都照射着地面，但其照射角度非常斜，所以地面环境温度并不算高。然而，对于垂直于地面的物体，例如墙壁、窗户或人体，太阳近乎直射，会在局部产生很高的热量。

例如，夏季在极地的野外，即使身穿羽绒服，人们依然感觉很冷，而阳光晒到脸上或裸露的皮肤上，虽然基本没有烤和热的感觉，却可能在很短的时间里发红、灼伤。因此，导游经常会建议大家涂防晒霜，这是出于保护皮肤的必要措施，而非推销。居住在北极圈内的渔民也

图 3.46　在极点夏至时太阳最高距地面 23.5°

深知阳光的厉害。他们自制的木质渔船若是用胶粘合，那么船帮接缝处的胶在夏季经常被烤化。同样，木屋墙壁上涂的油漆在夏季也经常被烤化。这些现象，对于没有极地生活体验的人来说是难以想象的。

因此，如果在极地居住，搭建一所密闭的、圆柱形、垂直面透光的玻璃房应该是比较合理的选择。

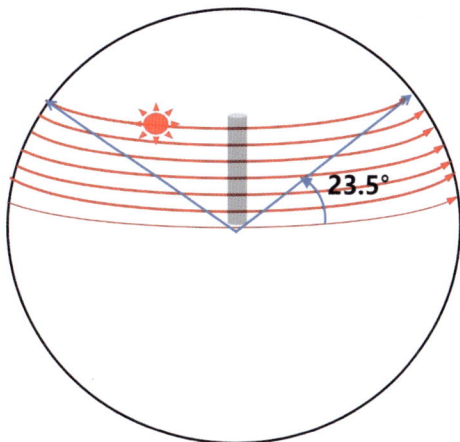

附　录
中西对照全天星图

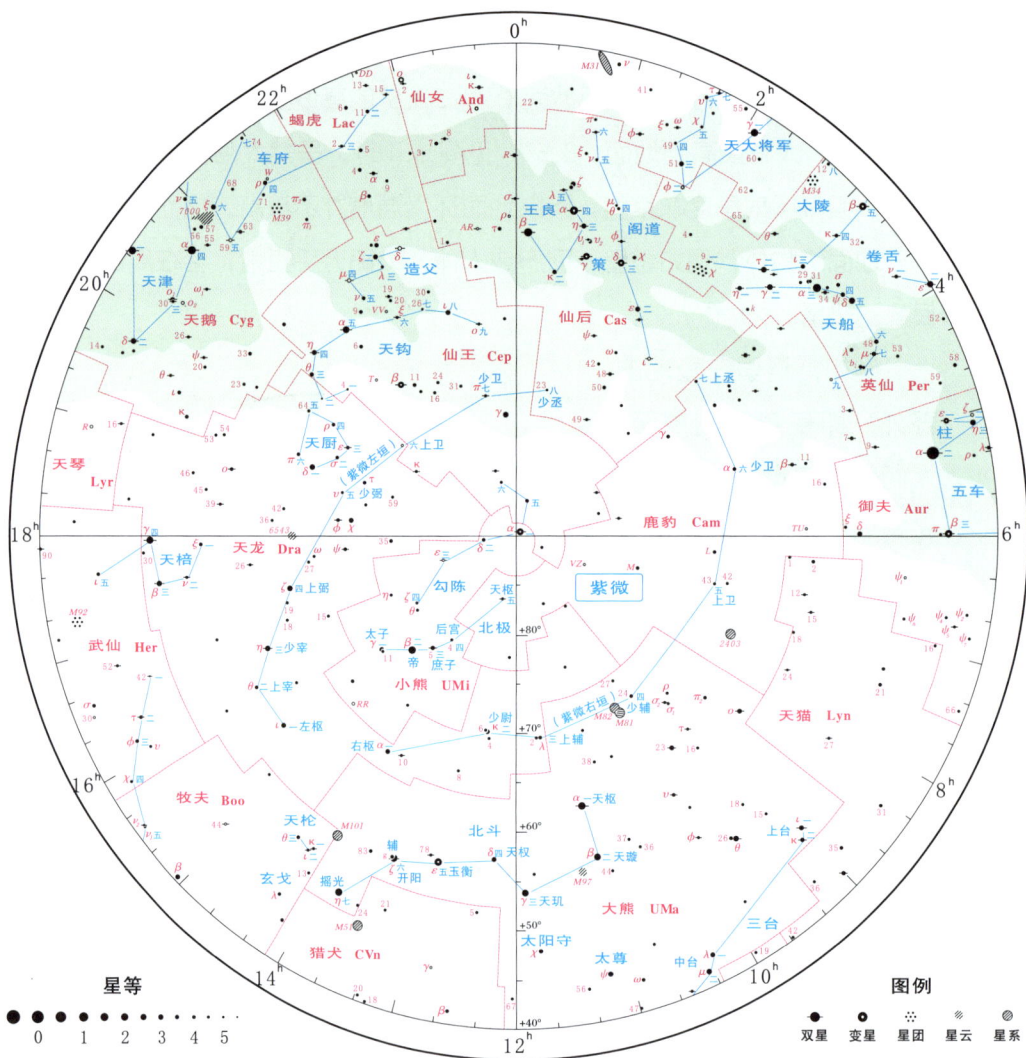

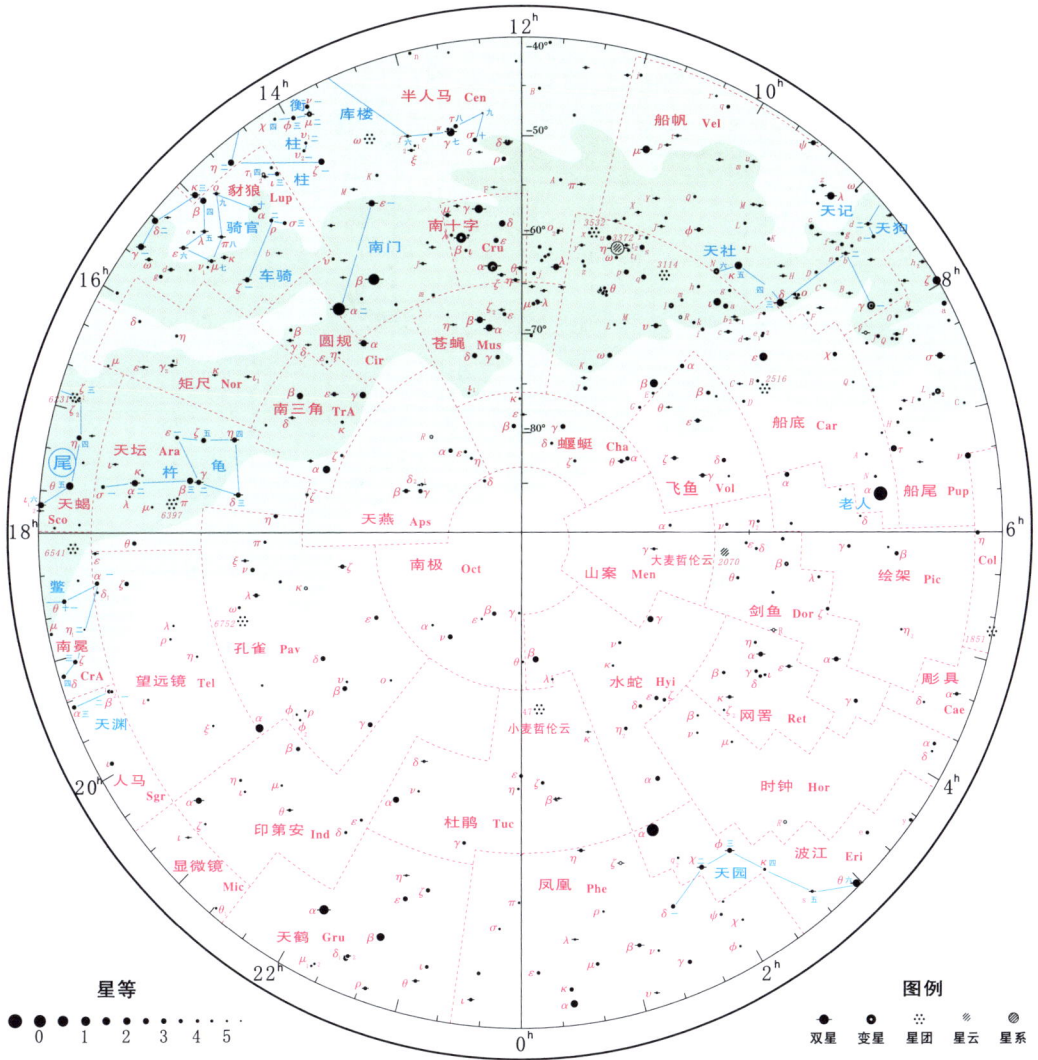

星等

0 1 2 3 4 5

图例

双星　变星　星团　星云　星系

半人马 Cen
库楼
衡
柱
豺狼 Lup
骑官
车骑
南十字 Cru
南门
圆规 Cir
苍蝇 Mus
矩尺 Nor
南三角 TrA
天坛 Ara
杵 龟
天蝎 Sco
尾
繁
南冕 CrA
天渊
人马 Sgr
望远镜 Tel
孔雀 Pav
显微镜 Mic
印第安 Ind
天鹤 Gru
凤凰 Phe
杜鹃 Tuc
南极 Oct
小麦哲伦云
大麦哲伦云
山案 Men
天燕 Aps
蝘蜓 Cha
飞鱼 Vol
船帆 Vel
天社
天狼
天社
天兔
船底 Car
老人
船尾 Pup
绘架 Pic
剑鱼 Dor
彫具 Cae
网罟 Ret
水蛇 Hyi
时钟 Hor
波江 Eri
天园

12ʰ
14ʰ
16ʰ
18ʰ
20ʰ
22ʰ
0ʰ
2ʰ
4ʰ
6ʰ
8ʰ
10ʰ

−40°
−50°
−60°
−70°
−80°

星图

| 坐标 | 2ʰ | 0ʰ | 22ʰ |

仙后 Cas · 蝎虎 Lac · 车府 · M39 · 7000 · 6960 · 6992
英仙 Per · 大陵 M34 · 天大将军 · 杵 · 天鹅 Cyg · 天津
三角 Tri · M33 · 仙女 And · 7212 · 日 · 狐狸 Vul
奎 · 壁 · 室 · 离宫 · 飞马 Peg · 海豚 Del
胃 · 娄 · 双鱼 Psc · 雷电 · M15 · 危 · 小马 Equ
白羊 Ari · 天囷 · 外屏 · 黄道 · 30° · 霹雳
赤道 · 鲸鱼 Cet · 垒壁阵 · 墙暴 · M2 · 虚 · 女
波江 Eri · 天仓 · 土司空 · 330° · 宝瓶 Aqr · 7293 · 摩羯 Cap
天苑 · 天炉 For · 南鱼 PsA · 北落师门 · 显微镜 Mic
玉夫 Scl · 凤凰 Phe · 天鹤 Gru · 印第安 Ind
天园 Hor · 波江 Eri

+40° +20° 0° −20° −40°

星等 ● ● ● ● ● · ·
0 1 2 3 4 5

图例 双星 变星 星团 星云 星系

8ʰ　　　6ʰ　　　4ʰ

+40°　　　　　　　　　　　　　　+40°

+20°　　　　　　　　90°　　60°　　+20°

0°　赤道　　　　　　　　　　　　0°

−20°　　　　　　　　　　　　　−20°

−40°　　　　　　　　　　　　　−40°

8ʰ　　　6ʰ　　　4ʰ

黄道　120°

星座名称

UMa
轩辕
天猫 Lyn
双子 Gem
北河
五诸侯
天樽
积薪
鬼
巨蟹 Cnc
柳
小犬 CMi
水位
南河
四渎
阙丘
麒麟 Mon
长蛇 Hya
罗盘 Pyx
天狗
船帆 Vel
天记
天社
弧矢
大犬 CMa
军市
天狼
御夫 Aur
五车
柱
天潢
司怪
钺
井
参宿
水府
觜
参
猎户 Ori
伐
玉井
军井
屏
厕
天兔 Lep
天鸽 Col
屎
丈人
孙
绘架 Pic
船尾 Pup
彫具 Cae
英仙 Per
卷舌
天船
大陵 M34
胃
娄 Tri
昴
毕
天廪
白羊 Ari
天囷
鲸鱼 Cet
金牛 Tau
附耳
参旗
天苑
波江 Eri
天炉 For
天园
时钟 Hor

星等

● ● ● ● ● · · ·
0　1　2　3　4　5

图例

　双星　变星　星团　星云　星系

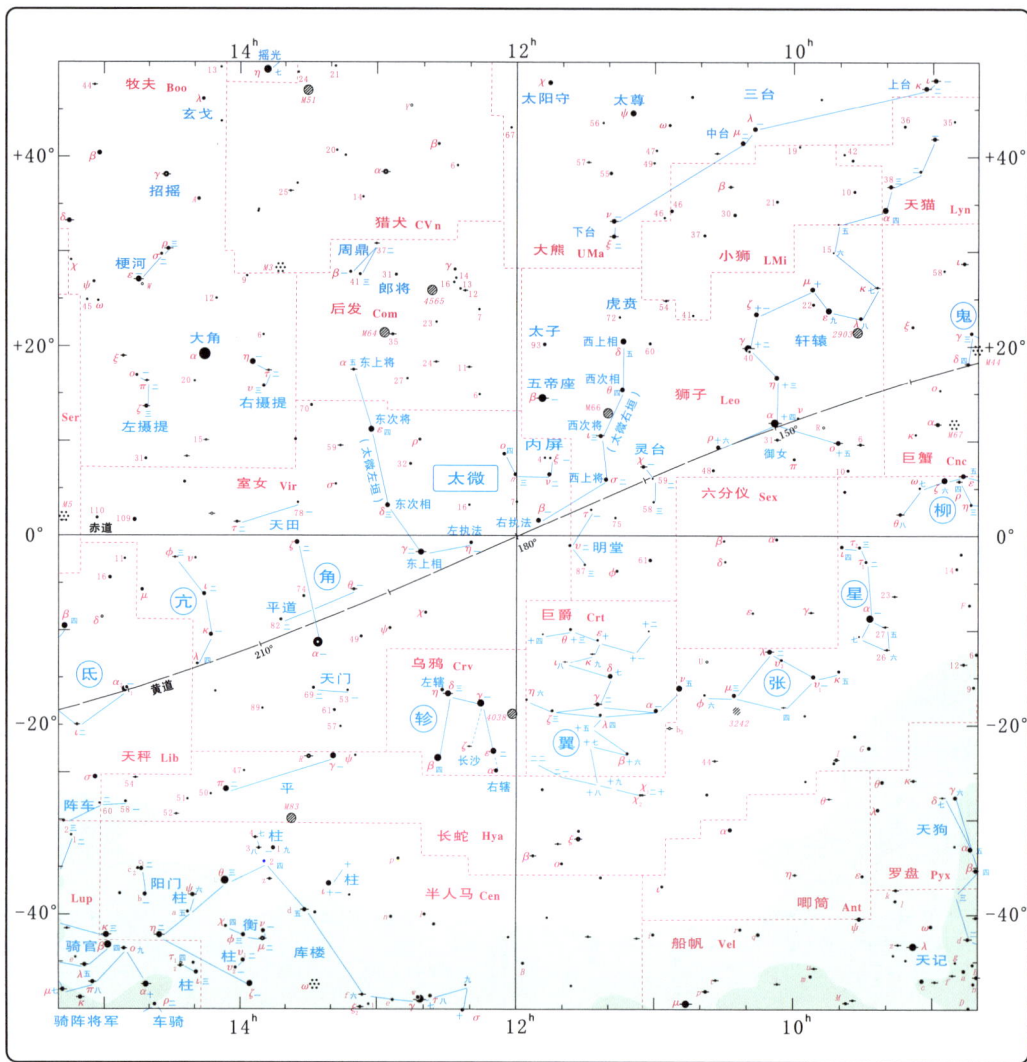

天龙 Dra
天琴 Lyr
天梧
牧夫 Boo
车府
天津
天鹅 Cyg
辇道
织女
女床
七公
北冕 CrB
+40°
渐台
中山
九河
赵
魏
天纪
贯索
巨蛇 Ser〔头〕
梗河
狐狸 Vul
海豚 Del
左旗
天箭 Sge
屠肆
宗
帛度
武仙 Her
河间
左摄提
+20°
Peg
瓠瓜
败瓜
吴越
天市左垣
齐
郑
周
秦
室女 Vir
小马 Equ
河鼓
右旗
徐
宗人
候
帝座
天市
斛
列肆
赤道 0°
离珠
天桴
宗正
宗
天市右垣
0°
女
天鹰 Aql
巨蛇 Ser
东海〔尾〕
燕
蛇夫 Oph
梁
天乳
天秤 Lib
宝瓶 Aqr
天弁
盾牌 Set
车肆
韩
西咸
氐
黄道
牛
天鸡
建
南海
宋
东咸
房
-20°
摩羯 Cap
狗
天江
钩钤
日
天辐
Hya
显微镜 Mic
狗国
斗
箕
鱼
天蝎 Sco
心
豺狼 Lup
顿顽
阳门
农丈人
傅说
尾
神宫
积卒
从官
-40°
天渊
鳖
南冕 CrA
杵
骑官
Cen
印第安 Ind
望远镜 Tel
天坛 Ara
矩尺 Nor
骑阵将军

星等　● ● ● ● ● ● ● · · · ·
0　1　2　3　4　5

图例　双星　变星　星团　星云　星系